단백질공학 입문

Takayama Mitsuo
전 승 종 역자

월드사이언스
www.worldscience.co.kr

단백질공학 입문

인 쇄 · 2007년 7월 30일
발 행 · 2007년 8월 10일
역 자 · 전 승 종
발행인 · 박 선 진
표지디자인 /김영욱 편집/이승철

발행처 · 도서출판 월드사이언스
서울특별시 동작구 사당5동 240-15
등록일자 · 1987년 12월 14일
등록번호 · 3-136
TEL · (02) 581-5811~3
FAX · (02) 521-6418
E-mail · worldscience@hanmail.net
URL · http://www.worldscience.co.kr

정가 9,000원
ISBN 978-89-5881-089-6

저자 서문

본서는 생물을 구성하는 재료인 단백질을 화학구조의 측면에서 본 교과서이고, 자연과학계의 학부 2학년에서 대학원 석사과정까지의 학생을 대상으로 하고 있다. 물론 현대 생명과학에 흥미를 가진 문과학생을 포함하여 일반 독자의 교과서로서도 사용할 수 있도록 기술하였다. 단백질의 구조에 대해서 많이 언급된 것은 본서가 요코하마 시립대학 대학원 석사과정에서 「단백질 구조특론」의 강의 노트에 기초를 두고 있기 때문이다. 본서의 목적은 화학·물리계의 학생에 대해서는 생명과학의 첫 관문으로서 생체고분자 대표인 단백질에 익숙해지길 바라는 점이고, 생물계의 학생에 대해서는 분자생물학에 바탕을 둔 분자의 화학구조에 관심을 갖기 바란다는 점이다. 그리고 모든 학생, 일반 독자는 원자와 작은 분자의 조합으로 구성된 단백질이 생물의 살아있는 상태를 유지하고 기능을 수행하기 시작한 최초의 물질이라는 것을 이해하기 바란다.

본서에는 생물이 살아있다는 것은 어떤 상태를 말하는가? 살아있는 상태를 유지하고 있는 구성성분은 무엇인가? 라는 독자의 의문을 충족할 수 있는 기술이 곳곳에 적혀있다. 이런 내용은 특히 제 1장과 제 14장에서 볼 수 있다. 제 1장은 현대 생명과학의 원류라고 하는 실험 물리학 및 장치의 기여와 그것에 관여한 과학자들의 역사에 대한 것이다. 그리고 제 14장은 생물이 살아있다는 사실의 불가사의가 얼마나 많은 연구자들을 매혹시켜 왔는가에 관하여 진술하였고 동시에 생물의 과학·철학적인 입문에 관해서도 기술하였다. 두 장 모두, 바빠서 숙고할 시간이 없는 사회인이 되기 전에 학생시절에 잘 익혀 두길 바란다.

본서의 출판을 장려해주고 원고를 몇 번에 걸쳐 읽어 주고, 많은 조언을 주신 전 요코하마 시립대학 학장인 오가와 케이치 선생님께 깊은 감사를 올린다. 본서를 위해 특히 얼굴 사진의 제공과 사용허가를 해주신 다나카 페로우, 존·펜 박사, 야마시타 박사 및 마크 윌킨스 박사에 감사드린다. 또 출판사의 우치다 마나부 씨의 시종일관 변함없는 출판 상의 지도와 가사이 치요키 씨의 그림 수정에 대해 아울러 감사드린다.

2006년 6월 타카야마 미츠오

역자 서문

현대 생명과학에 있어 가장 큰 영향을 미친 와트슨·크릭의 DNA 이중나선 구조는 구조생물학의 시작이라 할 수 있고, 생체고분자의 기능해석에 있어 고차구조의 중요성을 인식시켰다. 그로부터 반세기후, 인간 게놈 프로젝트(Human Genome Project)가 완성되어 구조생물학은 급격한 발전을 보여 왔다. X선결정구조해석 및 핵자기공명(NMR)법의 눈부신 발전에 따라 단백질의 방대한 입체구조정보가 축적되었고, 이런 구조생물학의 흐름으로서 게놈 정보와 구조생물학과의 융합에 의한 구조 프로테오믹스(Structural Proteomics)라는 새로운 분야가 등장하였다. 이 분야는 프로테오믹스에 의해 밝혀진 특정 단백질이나 이미 알려진 게놈 데이터베이스상의 특정유전자 정보를 바탕으로 단백질의 1차 구조를 예측하고, 단백질 구조와 기능간의 관계를 유추하여 궁극적으로는 생리활성상태인 3차 구조를 추측해 내는 것이다. 생명에 대한 이런 새로운 접근은 기초연구에서 산업적 응용에 이르기까지 폭 넓게 영향을 미칠 것으로 기대되고 있다. 이와 같은 학문적 흐름에 따라 단백질 구조에 대한 중요성이 새롭게 부각되고 있고, 여기에 관심이 있는 전공자라면 단백질의 구조와 기능에 대한 기본적이고 체계적인 지식을 담은 지침서의 필요성을 느낄 것이다.

이 책은 이런 요구에 적절히 부응하여 서술되어 있다. 단백질 연구의 역사에서부터 시작하여 단백질의 크기와 형태, 계층 구조, 입체구조해석, 인터넷에 의한 단백질의 형태 관찰, 입체구조와 기능, 단백질의 동정과 질량분석 등에 이르기까지 단백질 전반에 관한 기본 지식을 쉽게 이해할 수 있도록 간추려 정리되어 있다.

역자는 단백질에 대해 대학에서 강의하면서 국문으로 된 단백질 관련 서적이 거의 전무하다는 사실을 알고 이 책의 번역을 시작하였고, 실제로 단백질에 대해 공부하는 많은 생명과학도들이 손쉽게 이해할 수 있는 단백질 입문서로서 이 책이 이용되기를 바라는 마음 간절하다.

끝으로 원고작성을 도와준 김정림 양에게 고마움을 전하며 월드 사이언스 임직원 여러분들의 노고에 감사드린다.

2007년 2월 전승종

차 례

제 1 장

왜 단백질인가

단백질이 명확한 구조를 가진 생체고분자로서 알려지기 이전인 18세기 초기부터 단백질은 생명의 유지에 빠질 수 없는 중요한 물질이라고 인정되어 왔다. 21세기에 들어선 현재, 과학기술의 발전에 따라 단백질 분자를 자유롭게 다루는 기구의 출현으로, 마치 간단하게 영상화할 수 있는 정밀기계처럼 단백질의 구조가 밝혀지고 있다. 더구나 이것은 태어나서 활동하고 죽어가는 인간과 같은 일생을 보내는 단백질의 모습이다. 인간의 십억분의 일 크기(나노사이즈)에 지나지 않는 작은 분자 엔진이 끊임없이 활동함으로서 평균 80년 남짓한 인간의 수명이 유지되고 있다. 다시 말해 단백질은 최고의 생체분자재료이다. 여기서는 단백질이 급속하게 부각되어 온 배경과 단백질의 구조연구를 가능하게 한 실험물리학의 기여에 관하여 알아보자.

1.1 포스트 게놈 연구에서 단백질에 대한 흥미

여기서 언급하는 게놈연구는 1990년대 초기에 결성되었던 국제조직인 '인간게놈프로젝트'를 지칭한다. 2000년부터 2003년에 걸쳐 인간의 데옥시리보핵산

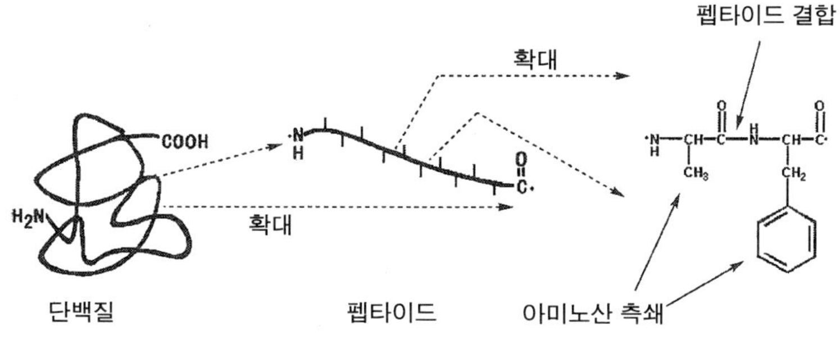

그림 1-1 단백질은 펩타이드라고 불리는 선상분자가 길게 연결된 고분자로 밀접하게 접힌구조의 형태를 취하고 있다. 펩타이드는 몇 개에서 수십 개의 아미노산이 펩타이드 결합에 의해 연결된 선상의 분자이고 펩타이드의 쇄로부터 아미노산의 측쇄가 돌출되어 있다.

사진 1-1 프로테옴의 제창자, 마크 윌킨스 박사.

(deoxyribonucleic acid, DNA)의 염기서열이 결정되었고, 동시에 최근 수년 다양한 생물종의 염기서열 해석이 게놈해독이라는 이름하에 진행되고 있다. 이와 같은 게놈해독이 진행됨에 따라 게놈연구의 후속 연구테마로 단백질이 부각되고 있다. 인간이 태어나서 죽을 때 까지 계속 출현하는 모든 단백질, 즉 인간 프로테옴의 연구이다.

프로테옴(proteome)은 단백질(protein)과 게놈(genome)의 합성어로 넓은 의미로는 다양한 생물종의 일생에 관련되는 모든 단백질, 좁은 의미로는 생물종의 특정의 장기에서 발현하는 모든 단백질, 또는 국소적으로 인간의 특정 질병과 관련된 모든 단백질에 대한 것을 의미한다. 이와 같이 시간적(생물의 성장축), 공간적(특정의 크기를 가진 장기 등)으로 한정된 영역에서 발현되는 단백질을 총망라하여 동정·정량하는 것에 의해 생물의 살아있는 상태를 단백질 수준에서 파악하는 것이 프로테옴 연구의 목적이다. 포스트게놈 연구로서 단백질의 전체 해석에 대한 발상은 인간게놈프로젝트의 진행과 함께 생겨났을 뿐만 아니라, 단백질과 그 단편인 펩타이드(peptide)를 미량으로 분석할 수 있는 질량분석(mass spectrometer, MS)장치의 개발과 깊은 관련이 있다. 1994년, 이탈리아의 시에나(Siena)에서 개최된 2차원전기영동 학술회의에 출석해 있던 호주의 젊은 생물학자 마크 윌킨스(2005년 현재 New South Wales 대학교수)는 "생명의 본질을 알기 위해서는 유전자 연구만으로는 부족하고, 여기에서 발현하는 단백질 전부를 동정할 필요가 있다"라고 말하고 프로테옴의 개념을 최초로 제창했다. 이때 이미 미량의 단백질을 신속하게 동정할 수 있는 MS 기술이 개발되어 있었고, 이때부터 포스트게놈 연구가 시작되었다. 그리고 게놈 연구와 함께 양축이 되었던 프로테옴 연구는, 2002년에 노벨 화학상을 탄생시켰다. 이처럼 실험물리학과 물리학자들이 얼마나 현대 생명과학의 발전에 기여했는가를 여기서 밝혀 두고자 한다.

1. 2 모든 것은 캐번디쉬로부터

1962년은 현대생명과학, 특히 유전자와 단백질을 중심으로 한 분자생물학 또는 구조생물학에 있어서 잊을 수 없는 해이다. 이 해의 노벨 생리·의학상에는 DNA 나선구조를 밝힌 제임스 왓슨(1928-), 프랜시스 크릭(1916-2004), 모리스 윌킨스(1916-2004)의 3명에게 수여되었고, 동시에 노벨 화학상에는 단백질의 입체구조를 밝힌 마크스 페루츠(1914-)와 존 캔드루(1917-1997)에게 수여 되었다. 양쪽 모두, 그 당시의 X선결정구조분석을 사용한 것이었다. 이들의 업적은 현대물리학의 시초라고 할 수 있는 영국 캐번디쉬(Cavendish) 연구소에서 시작된다. 1974년까지 캐번디쉬 연구소에서는 무려 22명의 노벨상 수상자를 배출하고 있다.

캐번디쉬 연구소는 1874년 캠브릿지 대학의 실험물리학 연구소로 설립되었고, 그 이름은 물리학자인 헨리 캐번디쉬(1731-1810)에서 유래하였다. 헨리가 사망한 후, 그의 막대한 재산은 동생인 존 캐번디쉬에게 물려졌고, 다시 존의 손자이고 당시에 캠브릿지 대학의 총장을 하고 있던 데본 샤이어(Devon shire)공작이 헨

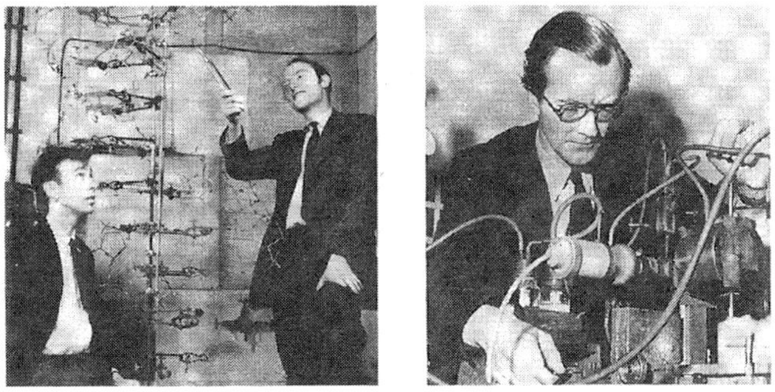

사진 1-2 DNA 나선구조를 밝힌 제임스 왓슨 (좌측 아래), 프랜시스 크릭 (좌측 위)(Watson지 : DNA (2003) p. 10), 모리스 윌킨스 (우)(Watson지 : DNA (2003) p. 16).

사진 1-3 캐번디쉬 연구소(Weinberg : 전자와 원자핵의 발견 (1986) p.18).

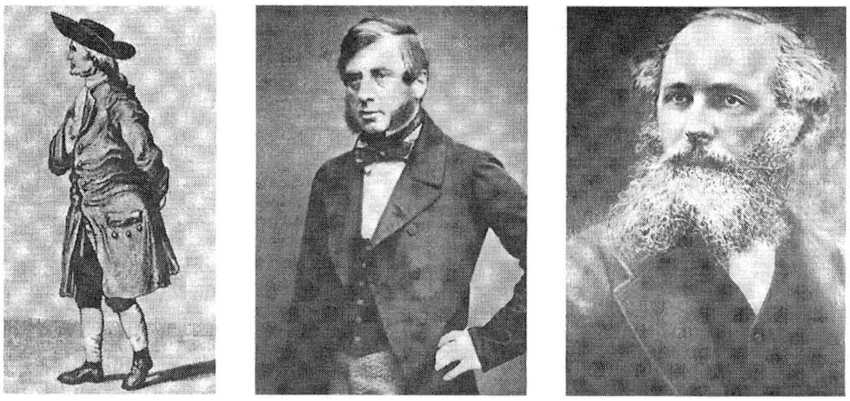

사진 1-4 헨리 캐번디쉬 (좌)(소산 : 이상의 과학자 (1991) p. 24), 데본 샤이어 공작 (중앙)(Crowther : The Cavendish Laboratory 1874-1974 (1974) p. 19), 제임스 크라크 맥스웰 (우)(Crowther (1974) p.33).

리의 유언에 따라 캠브릿지 대학에 재산을 기부한 것이 캐번디쉬 연구소의 시작이었다. 헨리의 연구업적은 연구소의 초대 소장이고 전자기학의 권위자인 제임스 크라크 맥스웰(1831-1879)에게 맡겨졌다. 이것은 헨리 캐번디쉬가 남긴 방대한 전

사진 1-5 로드 레이리 (좌)(세계화학사 (1924))와 조셉 존 톰슨 (우)(Thomson : 조셉 존 톰슨 (1969)).

기와 자기의 실험에 관한 미발표의 원고였다. 이 원고 속에는 헨리가 발견한 여러 가지 전기에 관한 실험 사실이 기록되어 있었다. 맥스웰은 이것을 정리하여 1873년에 그의 [전기자기이론]을 완성한다.

맥스웰의 사망후, 1879년에 캐번디쉬 연구소의 소장에 임명된 로드 레이리(1842-1919)은 전기현상에 강한 흥미를 가져 주위 연구원들에게 많은 영향을 주었다. 그러나 개인 연구소에서 실험에 전념하기 위해 1884년에 소장 자리에서 물러났다. 그의 후임소장은 1880년에 트리니티 칼리지를 졸업하고 캐번디쉬 연구소에 근무하고 있던 28세의 조셉 존 톰슨(1856-1940)이었다. 조셉 존 톰슨은 수학적 자질이 뛰어난 연구자였지만, 레이리의 영향을 받아 기체방전에서 발생하는 음극선(나중에 전자인 것으로 판명)과 양극선(나중에 정전하를 띤 다양한 원자와 분자의 이온인 것으로 판명)의 정체 해명에 전력했다. 조셉 존 톰슨은 전자의 발견(1897)으로 1906년에 노벨 물리학상을 수상하였고, 기체방전에서 발생하는 각종 이온의 특성을 그 질량 m과 전하수 z와의 비 m/z(질량 전하비)에 의해 조사하는, 오늘날 질량분석을 탄생시킨 아버지라고 할 수 있다. 2002년도의 노벨 화학상을 수상한 다나카 고이치(1959-)와 존 펜(1917-)은 단백질 질량분석 이온화법의 개발자이고, 이 연구 분야의 역사로 말하자면 조셉 존 톰슨의 계승자라고 할 수 있다.

한편, 1962년의 노벨상 수상대상이 되었고 DNA와 단백질의 구조연구를 가능하게 했던 X선 결정구조해석은 윌리암 헨리 브래그(1862-1942)와 그의 아들인

사진 1-6 **로렌스 브래그** (Crowther : The Cavendish Laboratoty 1874-1974 (1974) p. 270).

윌리암 로렌스 브래그(1890-1971)에 의해 그 방법론이 확립되었다. 특히 로렌스 브래그가 캐번디쉬 연구소의 교수로 있던 1938에서 1953년 사이에 브래그의 조수였던 페루쯔가 X선을 사용하여 헤모글로빈의 결정구조를 연구하기 시작했고, 1946년에는 캔도르가 합세하여 미오글로빈의 결정구조 연구에 착수했다. 1949년에는 단백질의 X선 결정구조해석 연구를 위해 크릭이 페루쯔의 그룹에 합류했다. 1951년에는 왓슨이 캔도르의 밑에서 X선 회절기술을 배우기 위해 캐번디쉬 연구소에 들어갔고 마침내 DNA 구조를 해명하기 위해 크릭과 공동연구를 시작했다. 이 시기에 역사적인 인물들의 왕래는 X선 결정구조해석을 확립한 브래그의 영향이 매우 컸다.

X선은 독일의 빌헬름 콘라트 뢴트겐(1845-1923)이 1895년에 방전에 의한 음극선의 연구 중, 매우 투과력이 강한 방사선으로서 개발했다. 이 발견의 수주 후에는 동시에 음극선을 연구한 조셉 존 톰슨이 X선을 사용하여 기체를 이온화할 수 있다는 사실을 발견했다. 1912년에는 이론 물리학자인 막스 폰 라우에(1879-1960)가 결정에 의한 X선 회절현상을 발견했다. 그는 원자에 의해 산란된 X선은 빛과 마찬가지로 간섭현상을 나타낸다고 생각했다. 이 시기에 브래그 부자도 결정의 분자구조 해석을 시작해 라우에의 생각을 현실화하기 위한 X선분광기를 도입함

사진 1-7 뢴트겐 (좌)과 라더포드 (우)(Grayson : Measuring MASS (2002) p. 3).

과 동시에 X선 회절방식에서 결정(結晶)중의 원자배치를 결정하는 방법론을 확립하고 1915년에 공동으로 노벨 물리학상을 수상했다. 그 후 1919년에 캐번디쉬 연구소에는 조셉 존 톰슨 대신에 그의 제자인 어네스트 라더포드(1871-1937)가 연구소장에 취임했다. 그는 1937년 급사할 때까지 브래그의 연구를 계승하였고 그가 소장으로 있던 20년간 캐번디쉬 연구소는 방사선과 원자핵물리학의 대명사가 되었다.

1895년에 X선이 발견되고, 현대 분자생물학의 초석이 된 DNA와 단백질의 결정구조가 해명되기까지는 약 반세기의 세월을 필요로 했다. 그 동안 X선 기술이 잊혀 지지 않고 중요시 되어 왔던 것은 전쟁과 의료용으로 사용되었기 때문이었다. 1914년에 발발(勃發)한 제1차 세계대전에서 부상병의 외과수술에 X선 사진이 사용되었다. 캐번디쉬 연구소에서는 과학의 전쟁응용연구를 담당하게 되었다. 1918년에 전쟁이 끝날 때 까지 연구소의 소장이었던 조셉 존 톰슨은 전쟁 중인 1916년 국가중추회의 보고 중에 "X선은 전기의 본성을 알려고 하는 순수한 과학적 탐구심의 결과로서 발견된 것이지, 신체에 박힌 탄환의 위치를 알아내는 응용과학에서 탄생한 것은 아니다"라고 진술했다. X선 장치가 단백질과 DNA의 결정구조해석 장치로 발전하여, 노벨상 연구자를 배출할 수 있었던 것은 나라를 일으킬 전쟁응용기술로서 중요시되었기 때문이라고 봐도 좋은 이유가 여기에 있다.

분자생물학, 구조생물학, 게놈 연구, 프로테옴 연구 등 현대생명과학으로 이어지는 공통의 원류(源流)로서, 캐번디쉬 연구소가 설립된 후 100년간의 역사는 실로 21세기 생명과학이 부화하기 위한 초석이었다고 할 수 있다.

1. 3 단백질의 질량분석 이온화법과 노벨 화학상

어떤 생물종의 일생에 걸친 모든 단백질을 동정하는 계획은, 그 생물종의 게놈 해석이 염기서열 뿐만 아니라 유전자 해석까지 종료되어 있다면, 동정 작업의 가능성은 크게 넓어진다. DNA 상에 암호화 되어 있는 유전자 부분을 발견하는 것은 어려운 것이 아니고, 이 게놈 정보를 데이터베이스로 하여 염기서열을 아미노산 서열로 바꾸어 놓는 것이다. 그러나 발견한 단백질을 동정하는 것은 부분적인 아미노산 서열 또는 효소소화(酵素消化)로 얻은 펩타이드의 질량이 정보로서 필요하다. 아미노산 서열 정보는 에드만 분해법을 사용하여 얻을 수 있지만 미량으로 많은 종류의 단백질 시료를 신속하게 분석하기에는 적합하지 않다. 현실적인 방법은 트립신 등의 소화효소를 사용하여 시료 단백질을 분해한 후, 얻어진 펩타이드 혼합물을 질량 분석하여 각 펩티이드의 질량을 결정하는 것이다. 펩타이드의 질량을 이용하는 단백질의 동정법은 Peptide Mass Fingerprinting(PMF)로 불리는 방법이 현재 가장 많이 사용되고 있다(제13장 참고). 이 방법을 가능하게 한 것은 효소소화에 의해 얻어진 미량의 펩타이드 혼합물을 기체 상태로 이온화하여 그 질량전하비(m/z)을 결정하는 질량분석 기술이 완성되었기 때문이다. 특히, 펩타이드 뿐만이 아니라 단백질도 기체 상태로 부유시킬 수 있는 이온화 기

사진 1- 8 존 펜 (좌)과 야마시타 마사미치 (우).

사진 1-9 다나카 고이치.

술이 개발되었기 때문에 가능하게 되었다.

단백질 이온화 기술의 일종인 Electro Spray Ionization(ESI)법은 1984년 존펜과 야마시타 마사미치에 의해 개발 되었다. ESI법은 용액 중에 고전하에 의해 생성된 단백질 이온과 펩타이드 이온을 기체 상태로 분무하는 방법이다(제 13장 참고). 또 다른 방법은 Matrix Assisted Laser Desorption Ionization(MALDI)법으로 1987년, 시마츠 제작소의 다나카 고이치 등이 글리세린과 코발트 초미립자를 사용하여 Soft Laser Desorption(SLD)법을 개발한 것에 의해 시작되었다. MALDI라는 이름을 붙인 사람은 뮤스타 대학의 마이켈 카라스와 프랜츠 히랜칸푸이고 그들의 노력에 의해 현재기술까지 발전되어 왔다. 그 원리는 레이저광 흡수능이 있는 결정에 단백질 시료를 얻고, 여기에 레이저광을 조사하여 결정을 폭발시키면서 단백질을 기체 상태로 분무하는 것이다. 이 때 단백질은 공중에 부유하면서 이온이 된다(제13장 참고).

1994년 마크 윌킨스가 단백질의 전체해석을 생각했던 것은 이미 해석을 위한 도구인 ESI와 MALDI가 존재했기 때문이다. ESI와 MALDI가 기반기술로서 시작한 프로테옴 연구는 그 후 큰 제약회사에 의해 신약개발 전략으로서 급속하게 성장하여 학술전문지까지 발간되었다. 이 시대 단백질 연구 급성장의 방아쇠가 된 새로운 질량분석 이온화법인 ESI와 MALDI의 개발자 존펜과 다나카 고이치는 2002년도의 노벨 화학상 수상자가 되었다.

1.4 단백질 명명법의 창시자

1838년 독일의 뮬더(1802-1880)라는 화학자는, 논문 중에 "protein"이라는 명칭을 처음 사용하였다. 그 유래는 단백질이 생명유지의 본질적인 중요한 성분이라는 의미로 그리스어 "proteios"(중요하다, 제일이라는 의미)에서 유래한 것이다. 이것은 스웨덴의 화학자 존 야곱 벨츠리우스(1779-1848)에게서 유래된 것이기도 하다. 그러나 이때는 아직 단백질의 본체는 알려지지 않았고 물컹물컹한 콜로이드 상태의 물질 정도로 인식되었다.

사진 1-10 뮬더 (좌)(Florkin 지 : A History of Biochemistry (1972) p.124)와 벨츠리우스 (우) (Florkin 지 (1972) p. 266).

제2장

단백질의 일생과 크기와 형태

단백질은 세포 중에서 태어나 제각기 필요한 장소로 옮겨지고 역할을 수행한 후에는 재생을 위한 재료로 다시 태어난다. 단백질의 크기는 나노미터(nm) 정도로 아데노신 삼인산(adenosine triphosphate, ATP)을 연료로 일하는 모습은 나노머신 또는 분자엔진이라 지칭할 수 있다(제3장 3. 3절 참고). 여기서는 단백질의 일생을 관찰함과 동시에, 그 크기와 형태에 대해서 알아보자.

2. 1 단백질은 어디서 만들어지는가?

여기서는 단백질이 세포 중의 어디서 만들어지는가를 살펴보자(그림 2-1). 데옥시리보핵산(deoxyribonucleic acid, DNA)에서 단백질이 만들어 질 때까지를 정보의 흐름이라고 한다. 단백질이 만들어 질 때까지의 정보의 흐름은 제5장에서 다시 설명한다. 단백질은 리보솜에 의해 생합성된다(그림 2-2). 리보솜은 모든 세포와 미토콘드리아, 엽록체 중에 존재하고, 단백질의 합성공장인 동시에 그 자신도 약 40%의 단백질과 60%의 리보솜 RNA(ribosomal ribonucleic acid, rRNA)로 구성되어 있다. 또한 리보솜은 2부분이 복합체를 형성하고 직경은 20~30 nm 정도로, 보통의 단백질 보다 조금 크다. 세포 중의 핵 내부에 있는 DNA로부터 전사되어 생성된 전령자 RNA(messenger ribonucleic acid, mRNA)는 핵 내에서 스플라이싱(splicing)이라는 전사 후 조절을 받고 나서, 핵막을 통과하여 핵 외로 운반된다. 핵 외로 나온 mRNA는 세포질 중의 리보솜과 결합하고, 단백질의 합성이 개시된다. 이른바, 리보솜은 mRNA의 염기서열을 단백질의 아미노산 서열로 변환하는 번역합성기구라고 할 수 있다. 리보솜을 구성하는 rRNA는 세포내에서 가장 많이 존재하는 RNA이기도 하다.

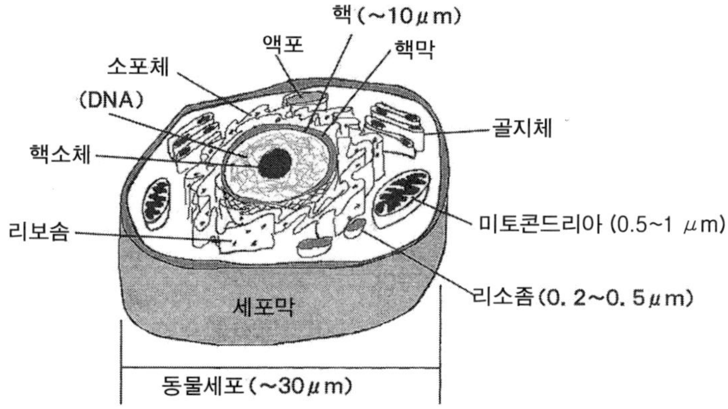

그림 2-1 동물세포, 단백질은 세포질 중의 리보솜에서 합성된다. 핵 내에는 DNA가 있고, 거기서 전사에 의해 mRNA가 만들어진다. mRNA는 핵막을 통과해 세포질로 전송되고 리보솜에 도달한다. 세포질에는 골지체, 미토콘드리아, 리소좀, 소포체 등의 세포소기관이 포함되어 있고 세포막으로 둘러싸여 있다.

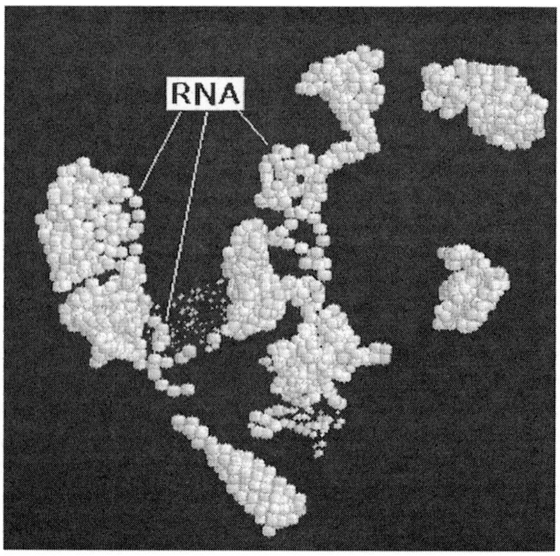

그림 2-2 70S 리보솜. 11개의 단백질과 3개의 RNA로 구성된 복합체 (Protein Data Bank, ID : 1EG0).

2. 2 단백질은 어디서 활동하고 있는가?

단백질이 합성되면 제각기 기능을 수행하기 위하여 세포 외로 운반되고(endocytosis), 각기 다른 장소에서 활동한다. 또한, 외부에서 세포 내로 단백질이 들어오면(exocytosis), 세포 내에서 활동하는 단백질이 된다(그림 2-3).

리보솜에서 단백질이 번역·합성될 때에는, 대량의 화학 에너지가 소비된다. 그 에너지원은 ATP와 구아노신 삼인산(guanosine triphosphate, GTP)의 가수분해에 의해 생기는 자유에너지이다(제3장, 3. 3절 참고). 핵 내에서 활동하는 단백질은 세포질로부터 핵막을 통과해 핵 내로 운반된다. 제10장에서 기술한 에스트

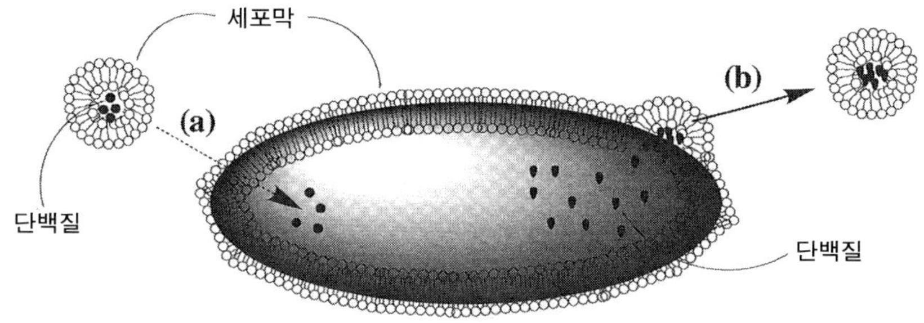

그림 2-3 엔도사이토시스 (a)와 엑소사이토시스 (b). 세포막에 둘러싸인 외부에서 운반된 단백질은 세포 안으로 들어가고, 세포 안에서 합성된 단백질은 세포막에 둘러싸여 외부로 운반된다. 세포막은 소수성과 친수성 부위를 가진 지질 이중층으로 되어 있다(제4장, 4. 3절 참고).

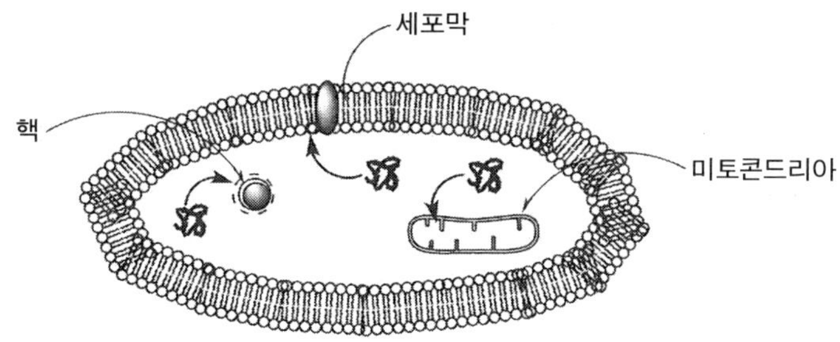

그림 2-4 세포 내에서 생긴 단백질은 기능을 수행할 세포막, 핵, 미토콘드리아로 운반된다.

로겐 수용체는 세포 내에서 합성된 후에 핵막을 통과하여 핵 내에서 기능을 수행하는 단백질이다(그림 2-4). ATP가 합성되는 미토콘드리아에도 그 세포막을 통과하여 단백질이 운반된다(그림 2-4). 여기서는 산화적 인산화 반응을 일으키는 ATP 합성효소가 활동하고 있다. 단백질은 소포체막과 세포 표면에도 운반되어 막에 머무르며 정보전달물질을 포획하는 수용체 단백질로 작용하거나 무기이온을 통과시키는 채널단백질로서 작용한다. 이때 단백질을 활동하게 하는 연료는 ATP이다. 단백질인 ATP 합성효소는, proton(H^+)의 농도구배에 의해 생기는 proton 흐름의 자유에너지를 이용하여 활동하는 분자기계이고, 그 기능은 일반적인 화학연료인 ATP를 만드는 것이다.

2. 3 단백질은 단백질에 의해 분해된다.

세포내에서 합성되고 운반되어 각각의 장소에서 역할을 수행하는 단백질도, 조금씩 자연적으로 분해되거나 산화되어 그 기능을 잃게 된다. 이런 단백질은 프

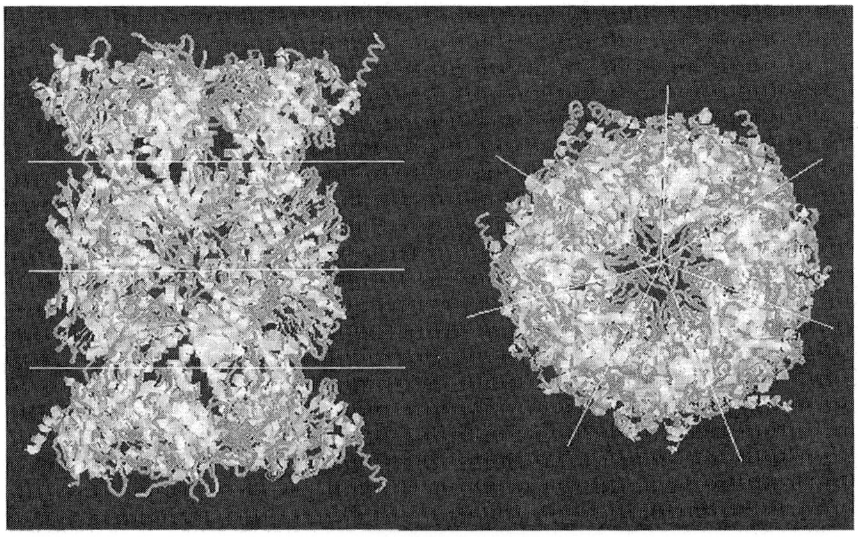

그림 2-5 프로테아솜. 원반 모양으로 배열된 7개의 단백질(우)이 4단으로 겹쳐져 있고(좌), 28량체의 복합체를 형성하고 있다(Protein Data Bank, ID : 1IRU).

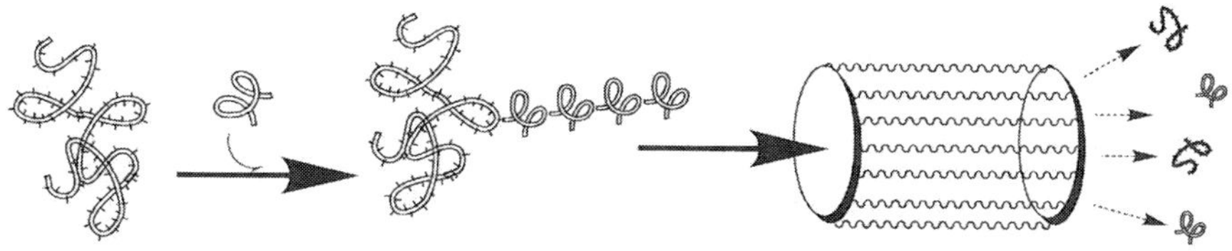

그림 2-6 유비퀴틴 결합과 단백질의 분해.

로테아솜(proteasome)에 의해 분해된다. 프로테아솜도 세포 중에 존재하는 단백질 복합체로, 그 크기는 수 십 nm 정도이다(그림 2-5). 단백질의 분해는 **소포체** 또는 리소좀에서도 일어난다. 리소좀의 막을 통과해 단백질이 운반되면 그 내부에는 수십 종류의 단백질이 가수분해효소로서 작용하여, 기능을 다한 단백질을 분해한다. 소포체나 리소좀에서 분해되는 단백질의 수명은 수 시간에서 수 주간 이상으로 다양하며 분해된 단백질은 다시 생체분자의 재료로서 이용된다.

또한, 유전자 정보에 의해 세포 내에서 합성된 단백질 전부가 완전히 기능을 갖춘 구조를 형성하지는 않는다. 다시 말해, 단백질 중에는 손상된 것들도 있어, 이와 같은 단백질 덩어리를 모아서 분해하는 기구가 세포 내에는 준비되어 있다. 불필요한 단백질을 발견하여 결합하는 단백질을 유비퀴틴(ubiquitin)이라고 한다. 이 결합체는 단백질 분해공장인 프로테아솜으로 운반되어 분해된다(그림 2-6). 유비퀴틴은 프로테아솜이 불필요한 단백질을 잡아내기 위한 표적으로 작용한다.

2.4 단백질의 크기는 나노규모

단백질은 직접 볼 수 없기 때문에 그 크기를 직관적으로 알기는 어렵다. 둥글고 빽빽하게 접힌 단백질의 크기는 직경 2~10 nm(nm=10^{-9} m, 나노미터는 10억분의 1미터) 정도이다. 동물세포의 크기(~30 μm)와 비교해 약 1/1000 정도, 사람의 신장과 비교해 약 1/1,000,000,000(10억 분의 1) 정도의 크기이다. 이 크기는 생체막인 지질이중층의 두께(5~10 nm)와 일치한다. 다시 말해, 생체막과 단백질의 관계는 '지질의 바다를 표류하는 단백질의 섬'이라는 비유가 그 실체를 잘 나타내

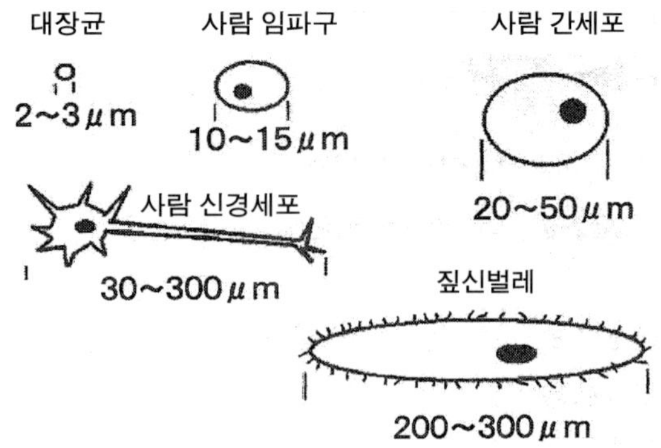

그림 2-7 여러 가지 세포의 크기 및 세포 내에 포함된 핵(검은 점으로 표시). 진핵생물은 핵막으로 둘러싸인 핵을 가지고 그 내부의 원형질(핵질)에 DNA를 포함한다. 대장균 등의 원핵생물은 핵막을 가지지 않고 원형질 내에 DNA를 포함한다.

고 있다(제4장 4. 3절 참고). 생물의 단위구조인 세포는 세포막에 둘러싸여 있고, 그 세포막에 의해 각각의 세포는 어느 정도 독립되어 있다. 한 개 세포의 크기는 생물에 따라 가지각색이지만, 평균적으로 직경 수 μm~수백 μm의 범위이다(그림 2-7). 즉 단백질 분자와 비교하면 세포는 천 배에서 백만 배 정도 크다.

단백질의 크기를 물 분자의 크기와 비교해 보자. 사방(四方) 1 cm의 유리병(용적 1 cm^3)에 들어 있는 물을 생각해 보자. 물의 밀도를 1 g/cm^3라고 하면, 유리병 속의 물의 무게는 1 g이 된다. 한편, 물의 분자량을 18 g/mol 라고 하면, 1 g 물 중에는 N_A/10개의 물 분자가 포함되어 있다. N_A는 아보가드로 정수 (6.022×10^{23} mol^{-1})

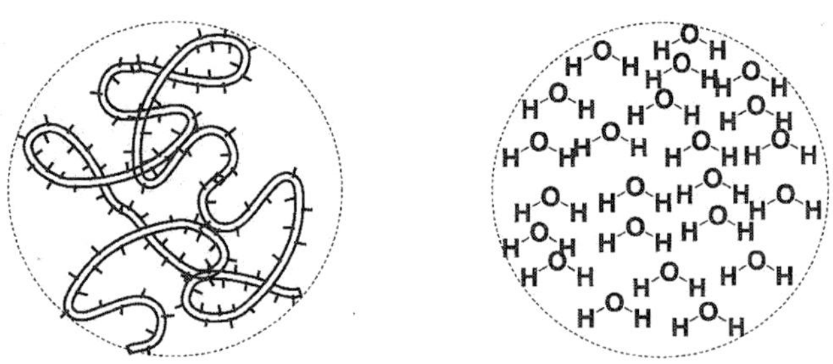

그림 2-8 단백질 1개(좌)의 크기는 물분자 4000 개분(우). 한변이 5 nm인 입방체 중에는 물분자가 약 4000개 들어가고, 이 중에는 전형적인 크기의 단백질이 1개 들어간다.

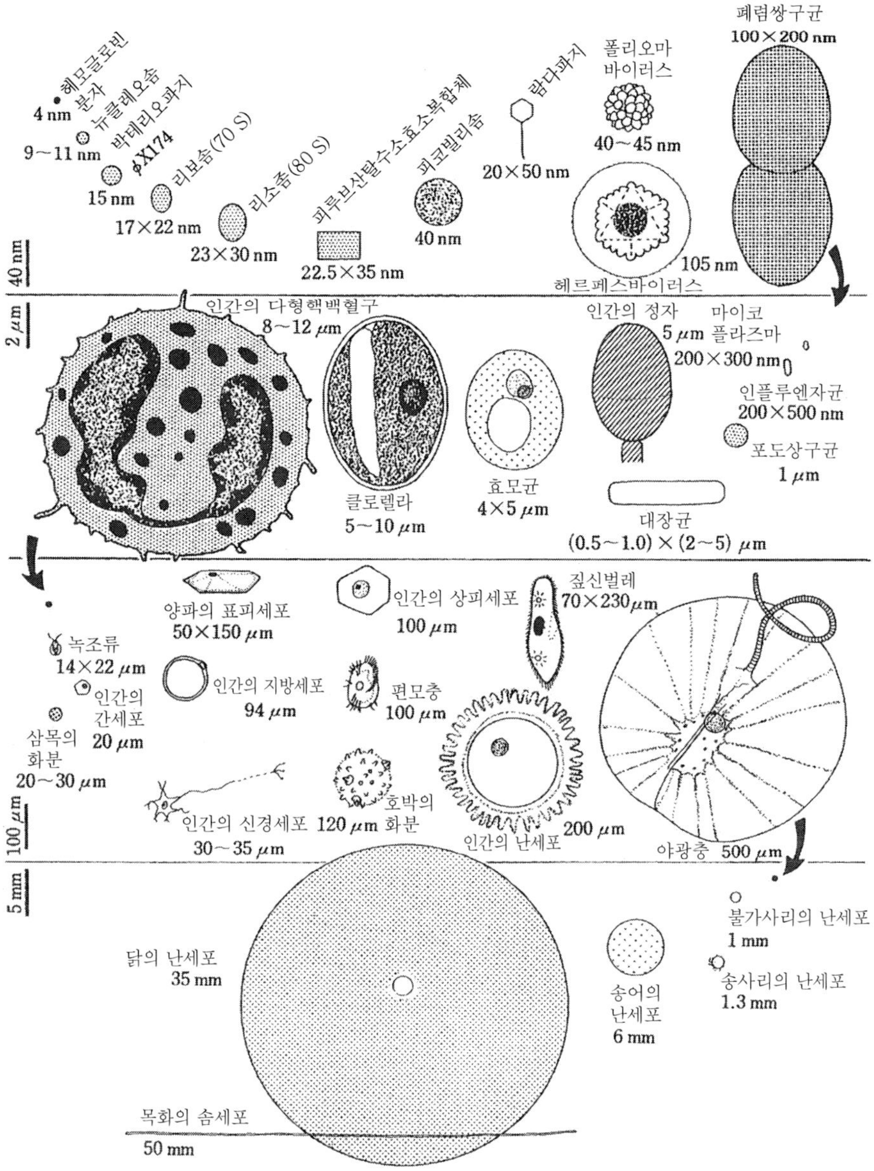

그림 2-9 단백질(최상단 좌측)의 크기와 여러 가지 세포 크기와의 비교(도감 생물학 데이터업 (1986) p. 8).

이다. 이때 사방 1 cm인 물의 1 변(1 cm=1×10^{-2} m)을 크기 5 nm(5×10^{-9} m)의 단백질이 들어가는 크기로 분할해 보자. 즉 한변의 길이가 5 nm인 입방체의 물을 생각해 보면, 이 용적 중에는 $(6.022\times10^{23}/18)\times(125\times10^{-27}/10^{-6})=4182$개의 물 분자가 포함되어 있는 것이 된다. 물 분자가 이렇게 모여 있는 덩어리의 질량은 약 75 kDa이 된다. 이 값은 거의 **혈청 알부민**(69 kDa)의 질량에 해당한다. 물의 밀도와 단백질의 밀도는 다르므로 간단하게 비교할 수는 없지만 물 분자가 4000개 정도 모여 덩어리를 만들면 이것이 단백질의 크기에 해당한다고 할 수 있다(그림 2-8).

또한, 원자의 크기(0.1 nm)에서 사람의 신장(1.7 m)까지의 크기 중에 단백질의 크기가 차지하는 위치는, 카본나노튜브의 직경(1 nm)과 에이즈 바이러스(100 nm)의 중간정도이다. 즉 단백질은 원자·분자와 같은 무생물계와 바이러스 등과 같은 생물계와의 경계에 위치하는 거대분자이다(그림 2-9).

2.5 단백질 형태의 다양성

단백질은 그 구조와 기능에 연관된 외형을 갖추고 있다. 외형은 주로 3차구조 또는 입체구조를 말한다. 단백질의 크기는 생체막의 두께와 같은 나노 규모이고, 이런 의미에서 단백질은 '일하는 나노분자' 또는 '분자엔진' 이라고 한다. 여러

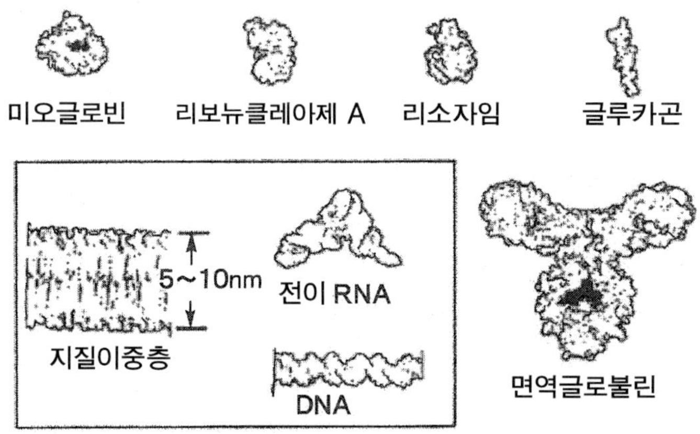

그림 2-10 여러 가지 단백질의 크기와 형태(D. S. Goodsell and A. J. Olson: Soluble Proteins: Size, shape and function. Trends Biochem. Sci., 18 (1993) p. 65).

가지 단백질의 크기와 형태를 생체막의 두께, DNA의 두께, 운반 RNA (transfer ribonucleic acid, tRNA)의 크기와 비교해 보자(그림 2-10).

또한, 단백질의 형태가 2차구조의 접힘에 의해 만들어지고 있다는 예를 다른 장에서 나타냈다(제9장 및 제12장을 참고). 췌장의 란겔한스 섬(islets of Langerhans)에서 분비되는 호르몬인 glucagon은 2차구조만 있고 3차구조는 가

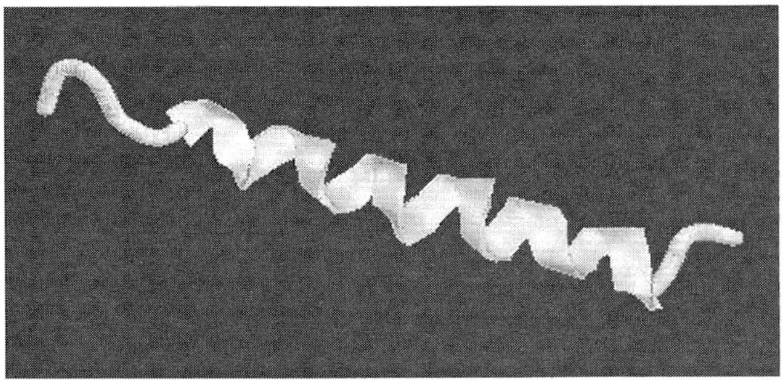

그림 2-11 글루카곤의 형태(Protein Data Bank, ID : 1GCN).

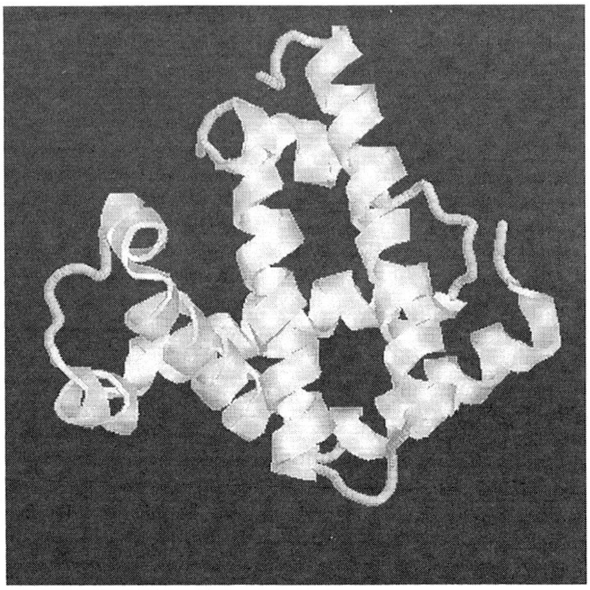

그림 2-12 미오글로빈의 형태(Protein Data Bank, ID : 1AZI).

지지 않는다. 2차구조의 형태는 마치 용수철과도 같다(그림 2-11). 한편, 동물의 근육조직에서 효소의 저장기능을 가진 myoglobin은 용수철과 같은 몇 개의 α-helix가 접혀 있는 입체구조를 형성하고 있고(그림 2-12), 그 크기는 3.5 nm 정도이다.

제3장

단백질은 생명을 유지하는 분자엔진

생물의 살아있는 상태는 단백질이라는 분자엔진이 끊임없이 일을 하는 것에 의해 유지되고 있다. 일어나 있을 때도 자고 있을 때도, 분자 엔진은 끊임없이 활동하고 있다. 활동하지 않을 때에도 생물은 생존에 적합한 행동을 하기 위해 그것이 놓여있는 환경을 각종 센서에 의해 인식해서 분석하고 있다. 시각, 청각, 후각, 미각, 촉각 등의 기능을 가진 감각 수용기는 환경인식 센서이고, 그 센서는 살아 있는 단백질의 활동에 의해 언제까지라도 On 상태이다. 이 장에서는 분자엔진으로서 단백질이 하고 있는 일에 대해서 살펴보자.

3.1 단백질 엔진이 행하는 여러 가지 일

직관적으로 이해하기 쉬운 것은 우리들이 마루에 있는 물건을 집어 올릴 때의 일이다. 이 경우 역학적인 일의 정의에도 잘 맞아 떨어진다. 또한 소, 말이 마차를 끌어 경사면을 오를 때에도 일을 하고 있다. 이와 같은 눈에 보이는 거시적인 운동 자체도 일임에는 틀림없지만 실은 미시적으로 보면 근육을 구성하는 단백질이 엔진과 같이 구동(驅動)하여 일을 하고 있는 것이다. 생물이 이동하거나, 손, 발, 얼굴을 움직이거나, 심장이 박동하거나, 소화기관의 운동, 세균의 편모 운동 등 활동하고 있는 곳에는 운동에 관여하는 단백질인 미오신(myosin), 액틴(actin), 키네신(kinesin), 다이닌(dynein), 플라젤린(flagellin) 등이 **아데노신 삼인산**(adenosine triphosphate, ATP)과 **구아노신 삼인산**(guanosine triphosphate, GTP) 또는 proton 농도 구배를 자유에너지원으로 이용하여 일을 하고 있다(그림 3-1 (a)~(c)). 이들 단백질들은 **자유에너지** 공급에 의해 그 형태를 변형하면서 일을 하고 있고 이들 단백질을 통틀어 분자엔진 또는 분자모터라고 한다.

예를 들면, 그림 3-1 (a), (b), (c)에서 나타낸 것과 같이 분자엔진으로서 일하는 여러 가지 단백질이 있다.

우리들이 책상에서 하는 사무도 또한 일이다. 이 일은 반드시 펜을 굴리거나

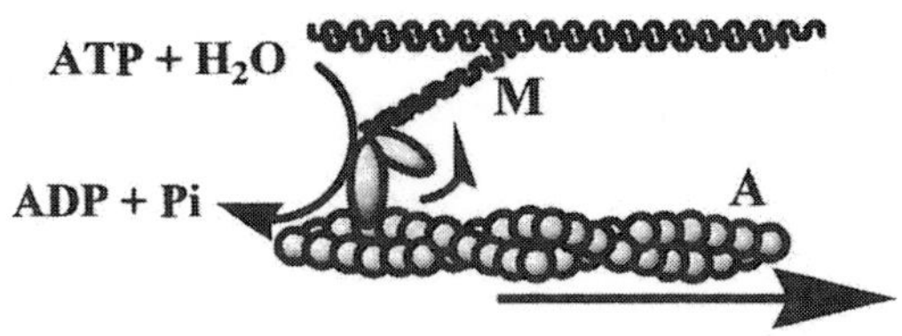

그림 3-1(a) 근육을 수축시키는 액틴과 미오신. ATP의 가수분해에 의해 미오신(M)의 머리 부분이 변형하면서 액틴(A)을 잡아챈다. 미오신의 머리 부분에는 ATP를 인식해서 결합하는 부위가 있고 그 부분이 ATP의 가수분해 효소가 된다. 가수분해할 때에 ATP가 미오신과 결합하면서 ADP와 Pi로 해리되어 갈 때에는 수축을 위한 역동적인 힘이 발생한다.

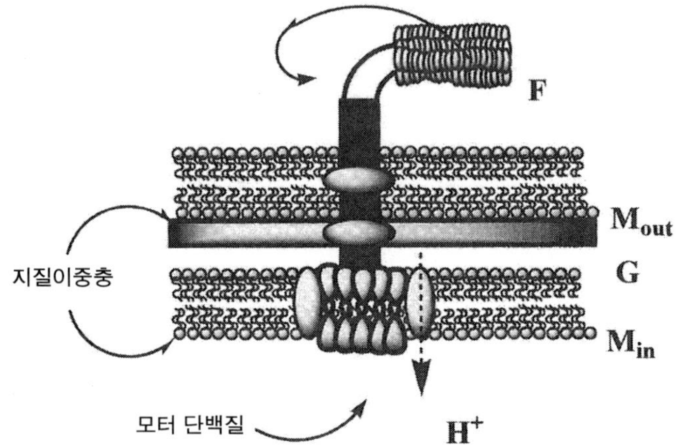

그림 3-1(b) 편모를 회전시키는 flagellin. 외부의 세포막 M_{out}(지질이중층)에서 상부로 돌출되어 있는 편모(F)가 회전한다. 편모는 flagellin이라는 단백질이 중합되어 만들어져 있다. 회전하는 편모의 축은 내측의 세포막 M_{in}까지 신장된 모터 단백질에 접합되어 있다. 외측과 내측의 막 사이에는 peptidoglycan(G)이라는 당쇄와 peptide 결합한 polymer가 있고, 세포벽의 형태를 만들고 있다. proton의 농도구배에 의한 내측의 막 M_{in}을 H^+가 관통하고, 이때 방출된 자유에너지를 사용하여 모터 단백질을 구동하고 축이 회전한다.

컴퓨터의 키보드를 눌리는 등의 운동 뿐만 아니라, 문자를 읽거나 토론하는 것도 포함된다. 물론 이런 종류의 일은 역학적으로 일의 정의와는 맞지 않지만 자유에너지를 일로 변환하는 열역학의 정의와는 모순되지 않는다. 서류의 문자를 읽고 이해하거나, 회의에서 토론하는 것에는 기본적으로 시각과 청각이 정상적으로 기

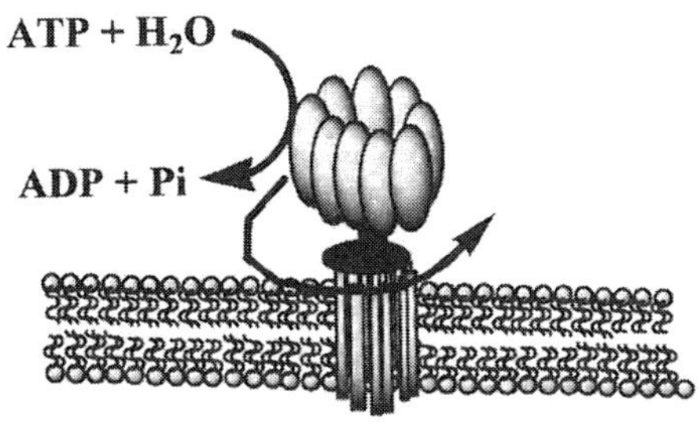

그림 3-1(c) 회전하는 ATP 합성효소계. ATP의 가수분해에 의해 세포막에 삽입된 ATP합성효소가 회전한다.

능하고 있어야 된다. 정상적인 기능이란 환경인식 센서로서의 감각 수용기와 신경전달을 가능하게 하는 신경계가 기능하고 있다는 의미이다.

감각 수용기에서 들어간 외부자극(빛, 화학물질, 접촉 등)은 어느 것도 **신경세포**에 있어 전기 신호로 변환되고 전기적인 신경전달이 일어난다. 즉 이 전기신호로 변환되고 있는 과정이 중요한 것이다. 다시 말해 외부자극이 전기 신호로 변환되는 것에는 신경세포의 내, 외에서 나트륨 이온 또는 칼륨 이온의 농도차가 유지되어 외부자극에 대해 감수성이 높은 상태가 되어 있어야 한다. 신경세포에는 외부에서 Na^+ 이온의 농도가 높고 내부에서는 K^+ 이온의 농도가 높다. 이 이온의

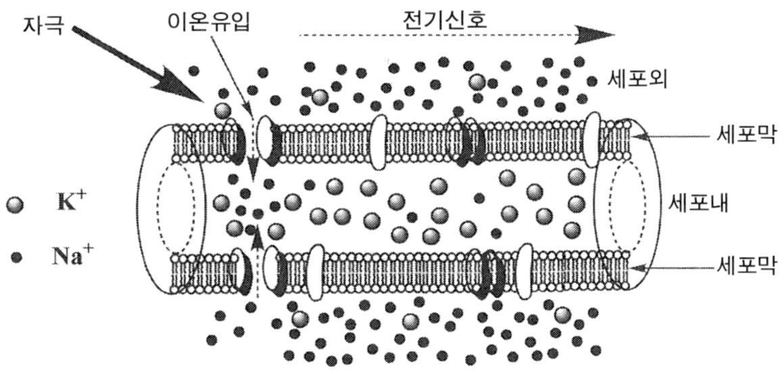

그림 3-2 신경세포의 외측에는 Na^+ 이온이 많고, 내측에는 K^+ 이온이 많다. 신경세포에 자극이 가해지면 세포막의 이온수송을 위한 통로가 열리고 Na^+ 이온이 유입된다. 이때 통로 부분에는 일시적인 활동전위가 발생하지만, 그 영향은 중심축에 따라 전달되어 전기신호가 된다. 통로도 또한 단백질로 되어 있다.

농도차가 자극에 의해 그 농도차를 없애는 방향으로 수동적인 이온의 흐름을 발생시킨다. 특히 자극에 의해 세포막에 Na^+ 이온의 통로가 생겨 그곳에서 Na^+ 이온이 세포막의 내부에 유입될 때에는 활동전위가 발생한다(그림 3-2). 활동전위는 일시적인 현상이지만 그것이 신경세포의 **축색돌기**를 따라 다음으로 전달되어 간다. 이것이 신경세포의 축색돌기를 따라 생기는 전기신호이다. 활동전위 자체는 이온이라는 실체를 동반한 물리현상이고 살아 있다는 것과 단백질의 기능과는 관계가 없다. 그러나 세포내·외에 이온의 농도차를 유지하고 자극에 대하여 감수성을 높이기 위해서는 이온의 농도차가 없는 상태(평형상태)에서 농도차가 있는 상태(**비평형상태**)로 끊임없이 이온을 펌프질해야 할 필요가 있다. 이런 펌프질은 세포막에 있는 단백질이 수행하고 있다. 이 단백질을 Na^+/K^+ pump 또는 Na^+/K^+-ATPase라고 한다. ATP의 가수분해효소인 동시에 ATP의 자유에너지를 사용하여 이온펌프로서 일하고 있다(그림 3-3). 우리들이 오감의 감각 수용기를 사용하여 사무를 보고 있을 때에 정말로 활동하고 있는 것은 신경계를 살아있는 상태로 유지하는 이온펌프라는 단백질이다. 이 이온펌프 덕분에 사람은 살아 있을 때도 자고 있을 때도 환경인식센서를 on 상태로 하고 있어 지진 및 화재 등에 빨리 대처할 수 있는 것이다.

단백질 엔진을 가동시키고 있는 중요한 연료인 ATP는 단백질의 작용에 의해 합성되고 있다. ATP가 가수분해될 때, 아데노신 이인산(adenosin diphosphate, ADP)과 무기인산(inorganic phosphoric acid. Pi)이 생성됨과 동시에 31.4 kJ/mol의 자유에너지가 방출된다.

$$ATP + H_2O \rightarrow ADP + Pi \tag{3.1}$$

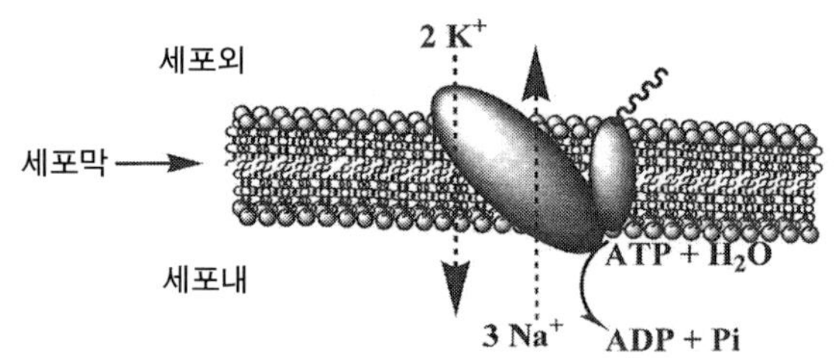

그림 3-3 이온펌프 Na^+/K^+-ATPase는 환경인식센서를 항상 on으로 해두고 있어, 세포막에 삽입된 이온펌프는 막의 외측에서 내측으로 K^+를 통과 시키고, 내측에서 외측으로 Na^+를 통과시켜, 각 이온의 농도차를 유지하고 있다.

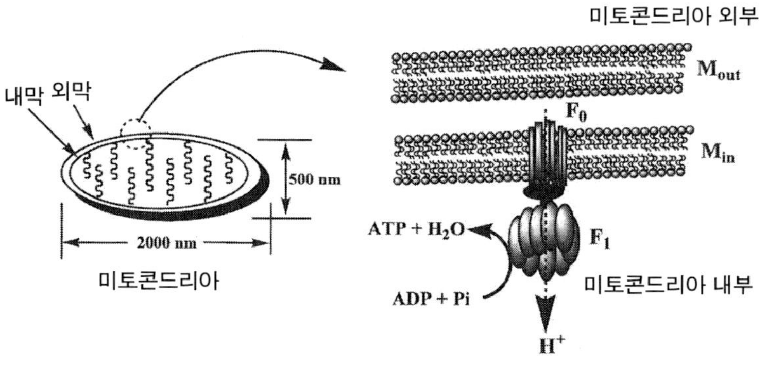

그림 3-4 미토콘드리아의 내측에 삽입된 ATP합성효소. 미토콘드리아의 외막(M_{out})과 내막(M_{in}) 사이에서 내부를 향해 proton이 흘러 들어간다. 이 때의 자유에너지를 이용하여 ATP가 합성된다.

이 자유에너지는 단백질 엔진을 가동시키기 위해 사용된다. 화학 연료인 ATP를 합성하기 위해서는 위의 반응을 역으로 진행시킬 필요가 있다. ATP를 합성하는 반응은 산화적 인산화라고 불리며, 세포내에 있는 미토콘드리아에서 일어난다. ATP를 합성하는 ATP 합성효소는 H^+-ATPase로 불리며 미토콘드리아의 내막에 삽입되어 있는 단백질 복합체이다(그림 3-4). 이 단백질 복합체 엔진은 미토콘드리아 내막의 외부에서 내부로 proton(H^+)이 이동할 때 작용하여 ADP와 Pi로부터 ATP를 합성한다. 이 복합체 엔진을 움직이는 연료의 실체는 proton의 농도차에 의해 운반된 proton(H^+) 그 자체이다. 미토콘드리아에는 내막의 내·외에 proton 농도차를 만들어 내는 proton 펌프기구가 준비되어 있고, 그것을 가동할 에너지원을 만들어내는 것은 산소를 들어 마시는 우리들의 호흡이다. 미토콘드리아 내막의 내·외에서 proton 농도의 차는 신경세포에 있어 이온농도의 차인 동시에, 살아있는 상태를 특징짓는 비평형상태인 것이다. 일반적으로 많은 단백질 엔진은 **화학** potential(μ)의 차인 △μ(**화학 친화력**)을 구동력으로 해서 활동하고, 단백질 엔진의 가동은 별도의 △μ를 만들어 내는 연쇄반응이다. 그리고 △μ가 유지되고 있는 것이 살아있는 상태를 특징 짓는다고 할 수 있다(3. 4절 참고).

3. 2 단백질이 일을 하지 않으면 어떻게 될까?

단백질은 화학에너지를 이용하여 활동하고 있다. 그 연료는 ATP이거나 proton의 농도차이다. 또한 ATP도 proton 농도차도 단백질의 작용에 의해 만들어진다. 또한 단백질이 합성될 때에도 다량의 ATP 또는 GTP가 소비된다. 만약 단백질이 합성되어도, 엔진으로서 기능을 가지고 있지 않거나 합성의 실수로 불량품인 경우, 다음과 같은 현상이 생길 것이다.

1) 근육의 수축이 일어나지 않고 운동을 할 수 없다.

2) 신경세포에 이온농도가 형성되지 않기 때문에 정보전달을 할 수 없다.

3) ATP가 합성되지 않는다.

이와 같은 상태에서 생물은 살아있다고 말할 수 없다. 다시 말해 단백질이 일하지 않으면 생물은 죽어버리고 만다. 특히, ATP가 합성되지 않으면 연료가 없는 자동차, 전지가 없는 손목시계, 전원이 없는 전기기구 그리고 ATP가 없는 단백질과 같이 쓸모없는 것이 되어 버린다.

3. 3 단백질 엔진의 연료 - 아데노신 삼인산 (ATP) -

생명은 단백질이 하는 일에 의해 유지되고 있다. 이 단백질 엔진을 활동하게 하는 주요한 연료는 **아데노신 삼인산**(ATP)이다. 그리고 이 연료 ATP를 만들어내고 있는 것도 단백질이다. 앞서 말한 바와 같이 ATP를 만들어내는 단백질인 H^+-ATPase는 proton의 농도 차(비평형)가 만들어내는 proton의 흐름을 이용하여 일하고 있다. 그리고 이 proton 농도의 차는 호흡쇄로 불리우는 일련의 산화환원 반응인 전자전달계에 의해 형성된다. 이 전자전달계에 의해 활동하고 있는 것이 **시토크롬**(cytochrome)이라고 불리는 일군의 단백질이다. 대표적인 시토크롬에는 전자공여체인 시토크롬 C와 여러 종류의 산화반응을 촉매하는 시토크롬 P-450이 있다(그림 3-5). ATP합성의 최상위에 있는 에너지원이 호흡이다.

ATP와 H_2O의 조합은 ATP의 가수분해를 발생시켜 ADP와 무기인산(Pi)를 생성한다(3. 1식 참고). 이 반응은 화학 potential(μ)의 가역반응으로 이 화학 potential 변화 △μ는 마이너스(-31.3kJ/mol)값을 가지므로 열역학적으로는 자발

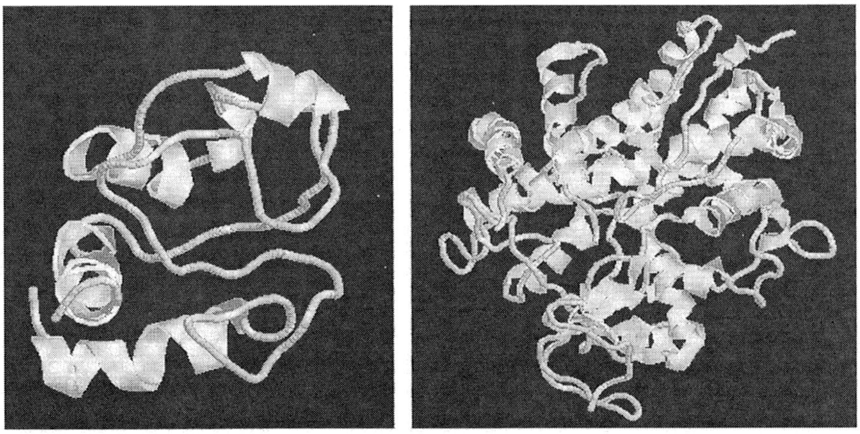

그림 3-5 Cytochrome c (좌)(Protein Data Bank에서 전재, ID : 1AKK) 과 P-450 (우)(Protein Data Bank, ID : 1DT6).

적으로 진행한다.

$$\triangle \mu = \mu_2 - \mu_1 \qquad (3.\ 2)$$

$$\mu_1 = \mu(ATP) + \mu(H_2O) \qquad (3.\ 3)$$

$$\mu_2 = \mu(ADP) + \mu(Pi) \qquad (3.\ 4)$$

이 반응에 있어 안정한 평형상태 2(ADP+Pi)에 대해서 화학 potential이 높은 상태 1(ATP+H_2O)는 안정한 방향으로 변화할 가능성을 가진 비평형상태이고 화학 반응의 구동력이 화학 친화력을 가진 상태이다.

ATP에서 ADP로의 구조 변화를 간단히 나타낼 수 있지만(그림 3-6), ATP의 가수분해기구는 복잡한 효소반응이다. 즉 ATP를 연료로 일하는 단백질은 ATP의 염기부위인 아데닌을 특이적으로 인식하는 부위가 있다고 생각되고, 말단의 인산기와도 결합하는 부위가 있어 일단 ATP와 단백질의 복합체를 형성하고 나서 순차적으로 분해 반응이 진행한다.

대량의 자유에너지를 방출하는 ATP의 가수분해 기구에 대해서는 3개 인산의 수산기인 P-OH가 이온 해리하여 $P\text{-}O^-$로 되기 때문에 부전하에 의한 정전기적인 반발의 에너지가 생기기 때문인 것으로 설명된다. 그러나 많은 생체반응에 관여하는 ATP 가수분해기구의 자세한 내용은 밝혀져 있지 않다. ATP의 인산잔기는 용액 중에서 강한 산성을 나타내고 이온 해리하는 것으로 생각되지만 실제

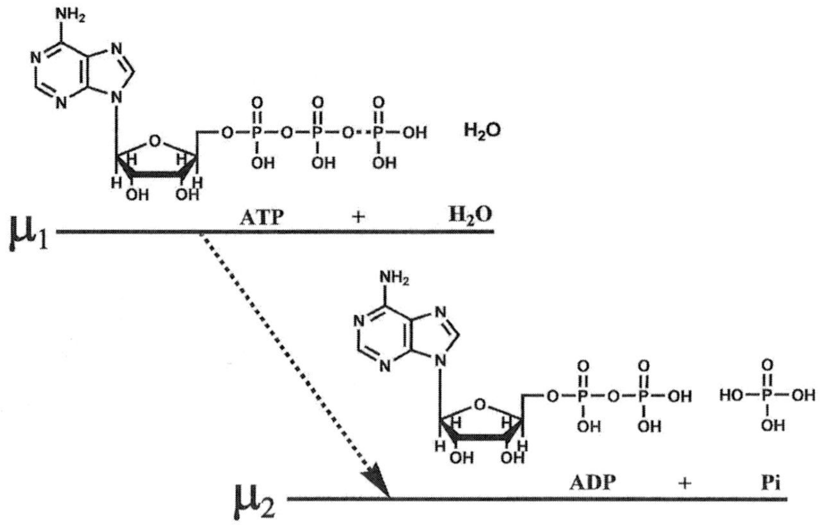

그림 3-6 ATP의 가수분해반응. 단백질은 화학 potential(μ)의 하향반응에서 방출된 자유에너지($\triangle\mu=\mu_2-\mu_1$)를 이용하여 일한다.

로는 Mg^{2+}과 복합체를 형성하여 중성화되고 안정하게 존재한다. 복합체의 안정성을 위해 ATP 가수분해의 반응 좌표 상에는 에너지 장벽(energy barrier)이 있어 그림 3-6과 같이 간단하게 진행되지는 않는다. 이 에너지 장벽을 저하시켜 가수분해를 촉매하는 것이 ATP와 결합하여 분자모터가 되는 단백질이다. 이들 단백질은 ATP와 결합하고 에너지 장벽을 저하시키는 효소의 기능을 가지고 있다. ATP와 Mg^{2+}의 복합체가 단백질과 결합하면 물의 존재 하에서 신속하게 ATP의 가수분해가 일어나는 것이 알려져 있다. 이때 단백질의 ATP수용부위와 ATP, 그리고 물분자(hydronium ion(H_3O^+)과 hydroxy ion(HO^-)도 존재)와 Mg^{2+} 등의 다른 원자·분자·이온 간에 다양한 상호작용이 일어날 가능성이 있다. 특히 단백질과 peptide에는 다양한 금속이온(Na^+, K+, Ca^{2+}, Zn^{2+} 등)과 결합하는 능력이 있고 그 친화력도 다양하다. 따라서 ATP와 Mg^{2+}의 복합체가 단백질에 결합하면 Mg^{2+}는 단백질 쪽으로 이동하여 ATP의 불안정성과 함께 가수분해가 진행한다고 생각된다. ATP 가수분해에 의한 자유에너지를 이용하여 일하는 분자모터기구의 해석이 열역학적 고찰만으로는 풀리지 않는 이유가 여기에 있다. 이상에서 말한 바와 같이 비교적 긴 역사를 가진 분자모터의 연구에 있어서 ATP 가수분해기구는 아직 해결해야할 많은 문제가 남아 있다.

3. 4 생명의 구동력을 만드는 단백질 엔진

단백질의 중요한 기능 중에 하나는 세포막을 중심으로 이온 농도차를 만들거나 ATP를 합성할 수 있는 화학 potential이 높은 상태를 만들어서 비평형상태를 만들어 내는 것이다. 즉 활동하는 단백질은 화학적으로 화학 potential(또는 자유에너지)이 낮은 상태에서 높은 상태를 만들어내는 펌프의 역할을 하고 있다. 호흡에서 시작하여 전자의 이동과 proton의 pump up, proton의 운반과 ATP 합성, ATP 가수분해 반응과 이온의 pump up, 이온 운반과 신경전달, ATP 가수분해 반응과 근육 수축, 그리고 근육 수축에서 호흡운동으로 다시 호흡쇄로 순환한다. 이렇게 연결된 상태에서 각각이 평형상태를 향해 자발적으로 진행하는 변화가, 별도의 **비평형상태**를 만들어내는 과정과 연결(coupling)되어 있다는 것이 특징이다. 비평형상태를 만들어내기 위해서 연결 기구를 담당하고 있는 분자엔진이 단백질인 것이다. 생체 내에서는 많은 자발적 과정이 일 하는 과정과 연결되어 있고, 그 각각의 과정이 연쇄적으로 연결되어 간단하게 평형상태(죽음의 상태)가 되지 않도록 만들어져 있다. 단백질은 생체를 구성하는 미립자의 분자엔진으로서 연결 기구를 지탱함과 동시에, 항상 일하면서 변화의 구동력을 만들어 내고 있는 것이

그림3-7 태엽으로 움직이는 기계식 시계의 톱니부품. 생물에서는 제각기 일하는 단백질에 해당한다.

다. 이온의 농도차와 ATP의 화학 친화력은 변화의 구동력인 동시에 생명의 구동력이다. 생명의 구동력을 기계식 시계의 태엽에 비유해 보면, 태엽을 감은 상태는 이온의 농도차와 ATP의 화학 친화력이 있는 상태에 해당한다. 태엽은 단지 풀려지는 것이 아니고 도중에 많은 톱니바퀴의 회전과 왕복운동이 연결되어 최종적으로 단침과 장침을 회전시키고 시각을 표시 하는 것이다(그림 3-7). 즉 기계식 시계의 감긴 태엽은 간단하게 평형상태로 돌아가지 않고 장시간에 걸쳐 풀려가면서 일 하고 있는 것이다.

제4장

단백질과 그것을 지탱하는 생체 분자

생물이 많은 단백질로부터 만들어지고 그 활동에 의해 생명이 유지되고 있는 것은 분명한 일이다. 그러나 단백질이라는 생체 재료만으로 생명은 유지될 수 없고 공동으로 단백질의 활동을 지탱하고 있는 많은 생체 분자가 존재한다. 이들 생체 분자는 생명을 유지하기 위해 제각기의 역할을 수행하는 생체 재료이다. 생물을 만드는 재료의 대부분은 유기화합물이고, 그 특징은 끊임없이 합성되어 기능을 수행하고 수명(壽命)을 다하면 분해되며, 또 다시 재생산되어 가는 것이다. 수명을 가지고 재생산되는 것은, 설계 개념에서 금속재료와 전기로 가동하는 로봇 또는 기계와 기본적으로 다르다. 생명을 유지하고 기능을 가지는 생체 재료 중에는 전자, 양자(proton), 각종 금속이온 등 지구 창조 이래 계속해서 사용되어 왔던 기본 입자와 무기물도 포함되어 있다. 또한 탄소, 수소, 산소, 질소, 유황, 인 등의 원소는 생체분자의 분해와 재생산을 위한 순환 중에서 반복되어 이용되고 있다. 생물은 원소의 재활용을 자동적으로 행하고 있는 것이다.

4.1 생물은 지구가 태어났을 때의 원소를 반복해서 이용하고 있다.

생물은 지구의 탄생 이래 계속 변화되어 온 자연 환경하에서 단순한 원자와 분자로부터 약간은 복잡한 분자인 아미노산과 염기가 합성되고, 그것들이 연쇄상 분자로 된 단백질과 핵산 등으로 진화되어 왔던 것이다. 생물은 다시 환경 변화에 응답하는 형태로서 진화를 반복하여 왔다.

지금부터 46억년전 우주 중에 있는 하나의 성간운(星間雲)의 수축이 시작되어 태양과 함께 태양계의 성운(星雲)이 생기기 시작했다. 그때에 고밀도로 끓어오르는 가스 상의 덩어리인 지구도 형성되었다. 그 때 지구는 6000기압, 5000℃의 상태로 그 중에는 다량의 수소(H)와 헬륨(He)이 포함되어 있었다. 이들 원자는 고온상태에서는 플라즈마 형태로 되어 전자 (e^-)와 proton(H^+) 등의 원자이온으로서 존재하였다. 45억년전에는 4000℃까지 식어 표면이 고체 상태로 변한 지구가 나타났고, 원시지구 표면의 대기 중에는 수소, 헬륨 외에 산소(O), 질소(N), 네온(Ne), 탄소(C), 규소(Si), 마그네슘(Mg), 철(Fe), 황(S), 아르곤(Ar) 등도 존재했다고 생각되고 있다(그림 4-1). 그중 90% 이상이 수소와 헬륨성분이었다. 다시 온도가 떨어지면서 지구 표면에는 수소 분자(H_2), 질소 분자(N_2), 물 분자(H_2O), 이산화탄소(CO_2), 메탄(CH_4) 등의 단순한 분자가 생성되기 시작했다. 초기에 생성되어 있던 중원자(철보다 무거운 원자를 말함)와 분자의 대부분은 현재의 생물을 구성하는 원재료와 일치한다. 그러나 이때에는 아직 기체 상태에서의 산소분자(O_2)는 조금밖에 생성되어 있지 않았고, 해수 중에서 원시생물이 광합성을 할 수 있게 되어 산소가 대량 발생할 때 까지 기다리지 않으면 안 되었다.

38억년전까지는 지구 표면의 물이 임계온도(374℃)이하까지 식어 물 분자가 응축해서 생긴 수권이 형성되었고 그 안에 원시생물이 생겨나게 되었다[*1]. 즉 45억년전부터 38억년전까지의 7억년 사이에, 원자는 단순한 분자가 되고 분자가 태양으로 부터의 자외선을 받아 반응하여, 포름알데하이드(H_2CO)와 시안화수소(HCN) 등 생체 분자의 원재료 분자가 합성되었다. 그리고 생물의 원재료 분자로부터 아미노산과 염기, 지질 등의 생체 내에 관련된 유기 화합물이 합성되었다(염기와 지질에 대해서는 본장 후반부에 설명). 다시 지질로부터 생체막 구조 등

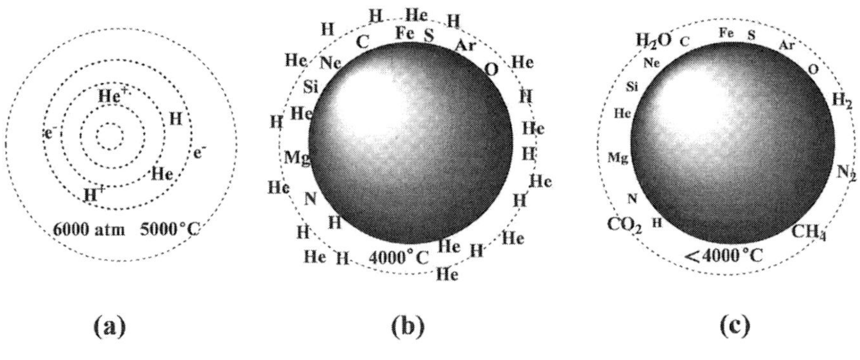

그림 4-1 지구의 탄생에서 원자·분자의 생성까지. (a) 46억년전, 태양계에 가스 상태의 지구가 생성되고 (b) 45억년전에 고체상의 지구표면이 나타나서 표면대기에는 각종 원자가 생성함 (c) 냉각과 함께 원자는 분자가 됨

*1 지구상에 최초의 생명이 나타난 시기는 35억년전 또는 40억년전이라고 말하지만, 신뢰성 있는 화석 등의 증거는 적다.

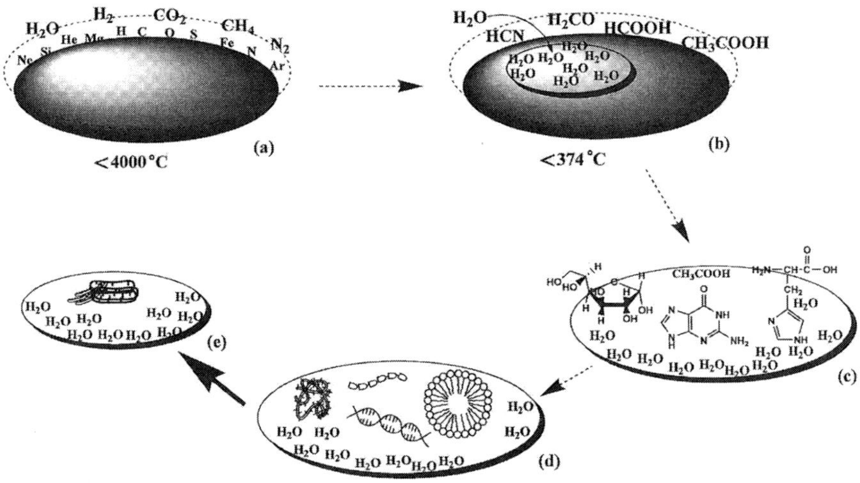

그림 4-2 수권의 발생. (a) 고체상 지구 표면에서 최초의 바다를 형성, (b) 수권 안에 생명의 기본분자가 생성, (c) 아미노산, 염기, 지질 등이 생성, (d) 생체막, 핵산, 단백질로 진화 함, (e) 38억년전에 원시생명이 태어남.

이 형성되고 아미노산과 염기로부터 단백질과 핵산 등의 생체 고분자가 합성됨에 따라 원시 생명체로 진화 했던 것이다(그림 4-2). 사람을 포함해 현재 지구상의 생존해 있는 생물은 전부 45억년전에 지구 대기 중에 존재해 있던 원자로부터 만들어 졌고, 38억년전 이후 그것들은 반복하여 재생·이용되고 있는 것이다.

4. 2 생물의 신체 대부분은 단백질로 되어 있다.

사람을 예로 들면 그 외형은 골격에 의해 정해져 있다(그림 4.3). 외형을 형태 짓는 뼈는 결합조직의 하나로 분류되고, 아교 성질의 유기성분과 석회질의 무기성분으로 구성 되어 있다. 무기성분은 뼈의 60% 정도를 차지하고 그 성분은 주로 인산칼슘($Ca_3(PO_4)_2$, 85%), 탄산칼슘($CaCO_3$, 10%), 인산마그네슘($Mg_3(PO_4)_2$, 1.5%)이다. 이것들은 인(P), 산소, 수소, 탄소, 칼슘(Ca), 마그네슘 등의 원소로부터 만들어져 있는 무기 분자이다.

한편, 유기성분의 95%는 **콜라겐**(collagen)이라 불리는 단백질이다. 그 밖의 콜라겐과 아주 닮은 성질의 **해면질**(spongin)이라 불리는 단백질도 포함되어 있

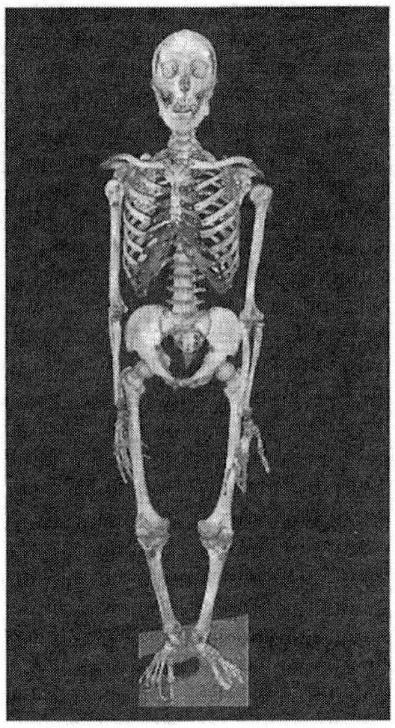

그림 4-3 생물의 외형을 결정짓는 골격도 단백질로 되어 있다(사진은 横浜市立大學醫學硏究科·澤田元博士의 허가로 전재).

다(그림 4-4). 콜라겐은 체내 총 단백질의 30% 이상을 차지하고 있다(그림 4-5). 뼈의 표면은 치밀하지만 내부는 고강도의 탄력성이 풍부한 해면질로 되어 있고, 중심부에는 조혈을 위한 골수(骨髓)가 있어 혈관이 통과하고 있다. 뼈의 주위에

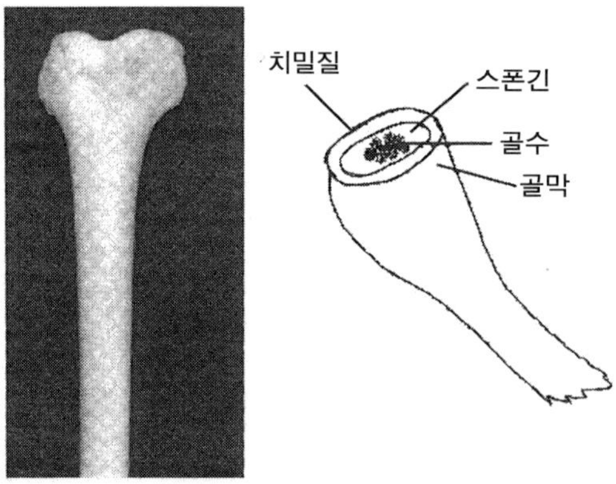

그림 4-4 뼈는 콜라겐과 해면질로 불리는 단백질로 되어 있다(사진은 横浜市立大學醫學硏究科·澤田元博士의 허가로 전재).

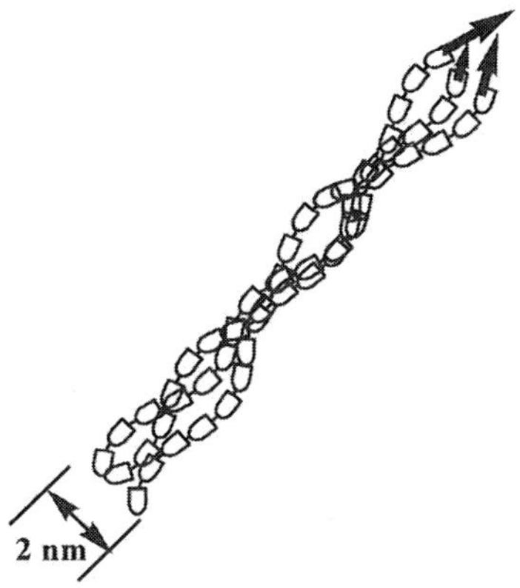

그림 4-5 골격과 신체의 외형을 보호하고 있는 콜라겐은 나선구조를 형성.

는 골막(骨膜)이라 불리는 두 층의 결합조직이 있고, 막 내부에는 많은 혈관과 신경세포가 있다. 그 외층은 콜라겐으로 구성된 교원섬유(膠原纖維)가 있다.

골막의 주변은 운동을 위한 근육으로 덮혀 있다 (그림 4-6). 근육은 동물의 운동에 직접 관련된 세포조직이고, 동물이 살았는지 죽었는지를 직관적으로 알 수 있는 지표이다. 근육은 근세포가 모여 만들어 졌고 그 세포막의 내부에는 핵과 미토콘드리아가 존재하며, 그 밖에 주로 근육 다발로 채워져 있다(그림 4-7). 근조직의 표면에는 근육 수축을 위해 전기 신호를 보내는 신경세포의 축색(軸索) 말단이 결합되어 있다. 근조직은 다시 근원섬유(筋原纖維)의 다발로 되어 있다.

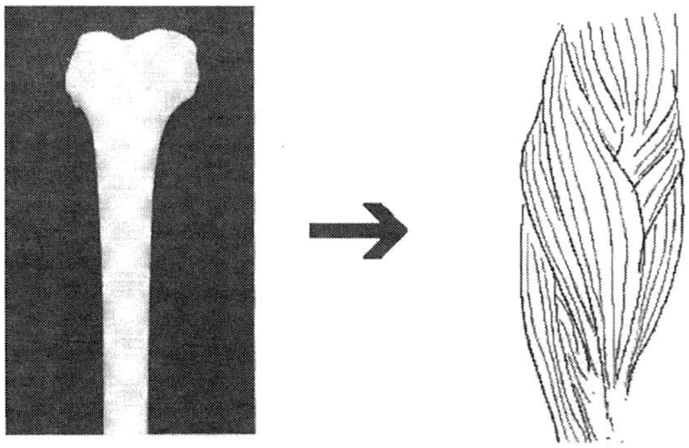

그림 4-6 골격의 주위에 붙은 근육. 뼈의 단백질이 근육단백질로 덮혀 있다(사진은 横浜市立大學醫學研究科·澤田元博士의 허가로 전재).

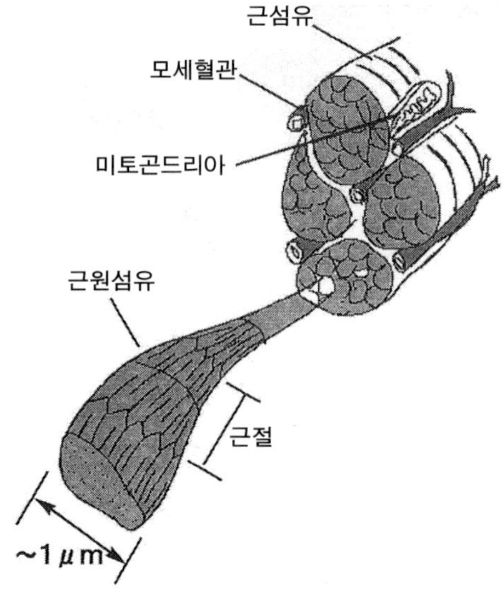

그림 4-7 미오신과 액틴으로 구성된 근육조직. 근섬유는 미오신과 액틴의 집합체로 되어 있다.

근원섬유는 주로 미오신(myosin)과 액틴(actin)이라 불리는 단백질로 구성되어 있다. 액틴은 중합되어 나선형으로 합쳐진 액틴 필라멘트로 불리는 끈을 형성하고 있다. 액틴은 세포 골격 단백질로 분류되어 모든 단백질의 10% 정도를 차지하고 있다. 한편, 미오신도 두꺼운 섬유로 불리며 미오신 필라멘트를 형성하고, 그 머리 부분에 액틴과 결합하여 근육 수축을 일으키는 단백질로서 골격근의 근원섬유를 이루는 총 단백질의 50% 정도를 차지하고 있다.

생물의 신체는 외형을 유지하기 위한 골격과 골격근 외에, 그것들을 바탕으로 순환계의 중심에 있는 심장과 소화기관 등의 장기가 배치되어 고정되어 있다. 이것들의 위치를 고정하기 위한 결합조직에는 탄력성이 풍부한 조직이 사용되고 있어 핵융막, 양간막, 복막, 세포층 전체를 둘러싼 장막(漿膜) 등이 있다(그림 4-8). 이들의 막에는 근육세포와 혈관, 신경세포 등이 포함되고 있고, 섬유 성분의 대부분은 구조 단백질인 콜라겐과 엘라스틴(elastine)이다.

이상에서 알 수 있는 바와 같이 생물 신체의 모든 곳을 단백질이 차지하고 있다. 생체를 구성하는 분자 중에서 무기 성분인 물(50~70%)을 제외 하면 고체의 총 중량당 단백질은 15~20%의 중량비를 차지하고 있다. 이 중에서 특히 콜라겐, 액틴, 미오신은 생물에서 몸의 형태를 만드는 중요한 단백질이다. 일반적으로 단

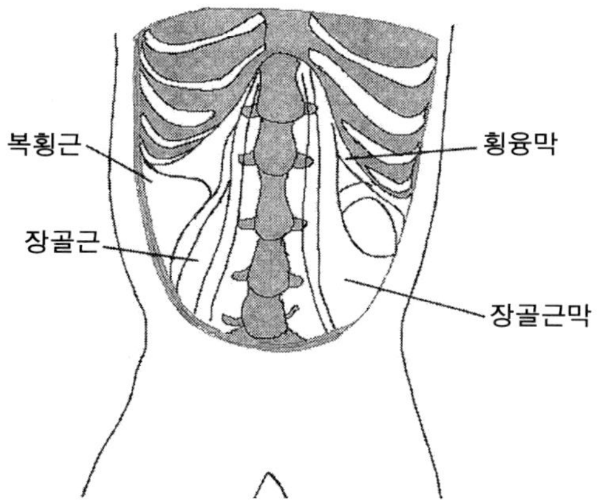

그림 4-8 다양한 장기의 위치를 정하고 있는 막과 근육.

백질은 필요할 때에는 발현되고 그 기능을 수행하여 역할을 다하면 분해된다. 살아있는 생명은, 끊임없이 합성되는 단백질과 분해되는 단백질의 균형에 의해 형태를 만들고 있고(그림 4-9), 따라서 정상적으로 살아있는 상태가 유지되고 있는 것이다.

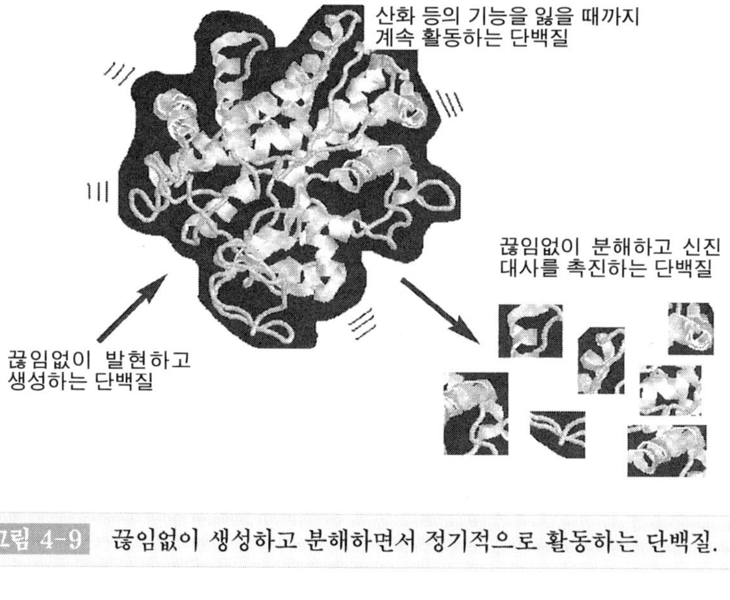

그림 4-9 끊임없이 생성하고 분해하면서 정기적으로 활동하는 단백질.

4.3 지질 -자기 조직화하는 세포막 분자-

생물의 외형을 결정하거나 장기의 위치를 고정·유지하고 있는 것은 단백질을 주성분으로 하는 뼈와 단단한 섬유성 막이다. 이들을 가옥에 비유하면 뼈는 목재와 철근 등의 골재이고 섬유성 막은 콘크리트 외벽 등의 벽재이다. 이들의 조합에 의해 지탱되고 있는 장기와 근육 등은 세포의 집합으로 만들어 진다. 세포의 외부와 내부를 나누고 있는 것은 세포막(plasma membrane)이고, 세포막은 지질분자에 의해 형태를 갖추고 있다. 세포막에 있는 핵도 또한 세포막으로 되어 있고, 그중에는 DNA가 포함되어 있다. 세포막에는 핵 외에 세포질(cytoplasm)이 있고, 여러 가지 세포소기관(organelle)을 포함하고 있다. 소기관은 세포 용량의 약 50%를 차지하고 있고, 소기관도 또한 세포막으로 되어 있다. 더 중요한 것은 세포 내부는 단백질 섬유로 구성된 망사구조를 가지고, 그 망사구조가 세포의 형태를 유지하고 있는 것이다.

세포는 생물을 특징짓는 최소 단위이다. 세포 내부에는 핵과 세포소기관이 끊임없이 활동하고 있는 상태를 계속 유지하고 있지만, 각 소기관이 계속해서 활동할 수 있는 이유는 핵과 소기관도 세포막에 의해 세포내의 세포질 환경으로부터 보호되고 있기 때문이다. 즉 세포막은 그 내용물과 외부의 물질이 간단하게 섞이지 않도록 하여 하나하나 세포의 독립성과 개성을 외부 환경으로부터 보호하는 장벽인 셈이다.

세포질은 생물의 특징인 물질대사 반응의 중요한 장소이지만, 이것을 둘러싼 세포막의 형성은 DNA와 단백질과 같은 생체고분자가 합성되기 이전에, 이미 고대의 수권(水圈)환경 중에 세포막이 형성되어 있었다고 생각하고 있다(그림 4-2). 세포막을 구성하고 있는 지질 분자는 수권환경 중에서 자발적으로 모여서 **지질이중층**(lipid bilayer)을 형성하는 성질을 가지고 있다. 지질이중층은 5~10 nm의 두께를 가지고 세포 내측과 외측(지질이중층의 외측)을 향해 친수성의 관능기를 가진다. 이들의 관능기는 산성, 염기성, 이온 해리성, 알콜성 등으로 세포질의 80%를 차지하며 물에 잘 녹는 성질을 가지고 있다. 한편, 지질이중층의 내측에는 지용성의 관능기가 물을 피하도록 마주보고 배치되어 있다(그림 4-10).

수중에서 자기조직화(自己組織化)로 자연적인 이중층의 세포막을 만들어내고 있는 지질분자는 포스파티딘산(phosphatidic acid), 포스파티딜글리세

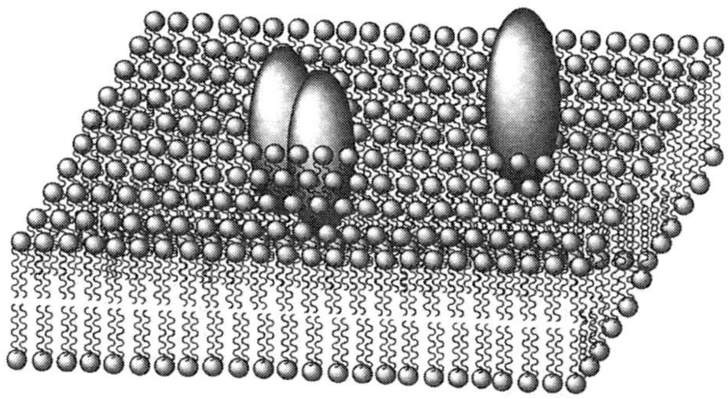

그림 4-10 세포막의 지질이중층. 이중층의 상하는 수용성(둥근 부분)이고, 마주보고 있는 관능기(물결모양 부분)는 지용성. 중앙에 떠 있는 것은 막 단백질.

롤(phosphatidylglycerol), 포스파티딜콜린(phosphatidylcholine), 스핑고미에린(sphingomyelin), 포스파티딜에탄올아민(phosphatidylethanolamine), 포스파티딜세린(phosphatidylserine) 등의 인지질 성분 외에 콜레스테롤(cholesterol)을 대표로 하는 스테로이드(steroid)성 지질, 팔미트산(palmitic acid)과 스테아르산(stearic acid) 등의 지방산이 있다(그림 4-11). 그러나 여기에서 중요한 것은 세포막을 구

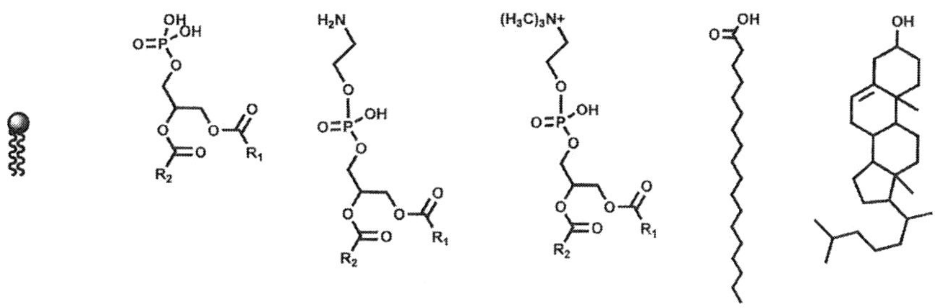

(a) (b) (c) (d) (e) (f)

그림 4-11 세포막을 구성하는 지질분자의 구조. 일반적으로 (a)머리부분이 친수성이고 꼬리부분이 소수성인 구조를 가짐. (b)포스파티딘산, (c)포스파티딜에탄올아민, (d)포스파티딜콜린, (e)스테아린산, (f)콜레스테롤. 이상의 지질분자에서 상부가 친수성이고 하부가 소수성. R_1과 R_2는 탄소와 수소만으로 된 소수성관능기 (지질)이지만, R-COO까지 포함하면 포화지방산 또는 불포화지방산이다. 전형적인 포화지방산은 팔미트산($CH_3(CH_2)_{14}$-COOH)과 스테아르산($CH_3(CH_2)_{16}$-COOH), 불포화지방산에는 올레인산($CH_3(CH_2)_7CH$=$CH(CH_2)_7$-COOH)과 리놀산($CH_3(CH_2)_4(CH$=$CHCH_2)_2(CH_2)_6$-COOH)이다.

성하는 주성분 중에는 단백질이 포함되어 있다는 것이다. 단백질은 "지질 분자로 구성된 지질 이중층의 바다에 떠있는 작은 섬과 같은 존재"이고(그림 4-10), 세포막의 중량비에서 40~80%를 차지한다. 또한 지용성의 지질분자와 상호작용하는 막단백질은 지용성인 동시에 세포내 외의 물질수송을 담당하고 있다. 이 물질수송에 관계하는 막 단백질은 활동하는 분자의 전형적인 모델이다.

4. 4 정보전달물질 -단백질과 결합하는 ligand 분자-

생물의 외형이 뼈에 의해 만들어 지고, 섬유질과 근육에 의해 각 장기의 위치가 고정되어 살아있는 생명체가 완성된다. 여기에 생명을 불어 넣는 것은 체내의 필요한 장소에서 합성, 분해, 수송, 상호작용하여 시간적·공간적으로 정보전달을 담당하는 분자군 또는 원자군이다.

우리들이 환경으로부터 자극을 받고 보고나 듣거나 만지거나 맛을 보고나 해서 주변 환경을 인식할 수 있는 것은 환경과 접해 있는 체 표면의 감각수용기가 작용하기 때문이고 그 결과로서 웃거나 화내거나 하는 응답이 생긴다. 이 자극과 응답과의 사이에는 신경조직을 통해 생기는 전기신호의 전달과 화학신호전

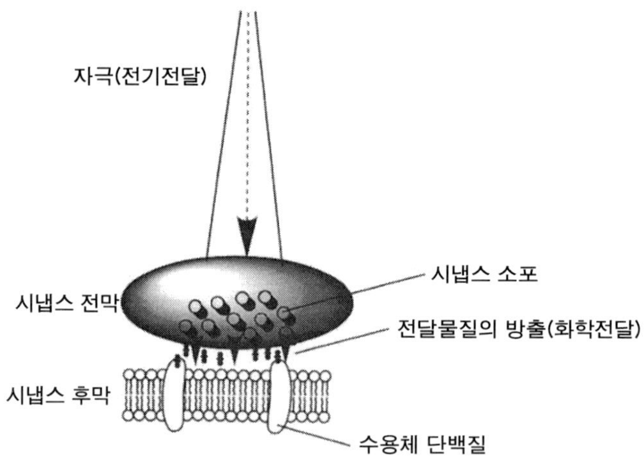

그림 4-12 신경세포와 단백질. 시냅스 전막과 후막의 사이를 신경전달물질이 통과한다.

달이 관여하고 있다. 전기 전도에는 주로 신경세포막을 중재자로 Na^+와 K^+의 이동이 관여하고, 화학신호의 전달에는 시냅스 사이(그림 4-12)를 이동하는 **신경전달물질**이 관여하고 있다. 그리고 이 신경세포에도 Na^+와 K^+이온을 막의 안에서 밖으로 또는 그 역으로 운반하기 위한 펌프 역할의 단백질이 존재하고 있다. 또한 시냅스 전막에서 방출된 신경전달 물질을 받는 것은 시냅스 후막에 삽입되어 있는 수용체 단백질이다(그림 4-12). 여기에서 단백질은 화학정보의 수용센서이다. 신경전달물질 몇 가지를 그림 4-13에 나타내었다.

정보전달이라는 의미에서 외분비성의 곤충 페로몬(pheromone)과 내분비성의 호르몬(hormone)도 생물의 화학정보전달을 담당하는 중요한 분자이다. 곤충 페로몬에는 휘발성 분자가 많고, 사회성 곤충인 개미는 개체간의 통신과, 동지와 적을 구별하기 위한 정보전달물질로서 사용하고 있다. 곤충 페로몬은 곤충의 체내에서 합성되어 외분비선에서 체외로 분비되고 개체집단을 유지하기 위한 역할을 수행한다. 또한 생물의 내분비선에서 분비되는 호르몬은 혈류를 타고 필요한 세포에 도달하여 세포막에 있는 수용체 단백질과 결합하거나, 핵 내부의 수용체 단백질과 결합해서 생물의 분화·성장을 제어하고 있다. 두가지 모두 미량으로 효과를 나타내는 특징을 가지고 있다.

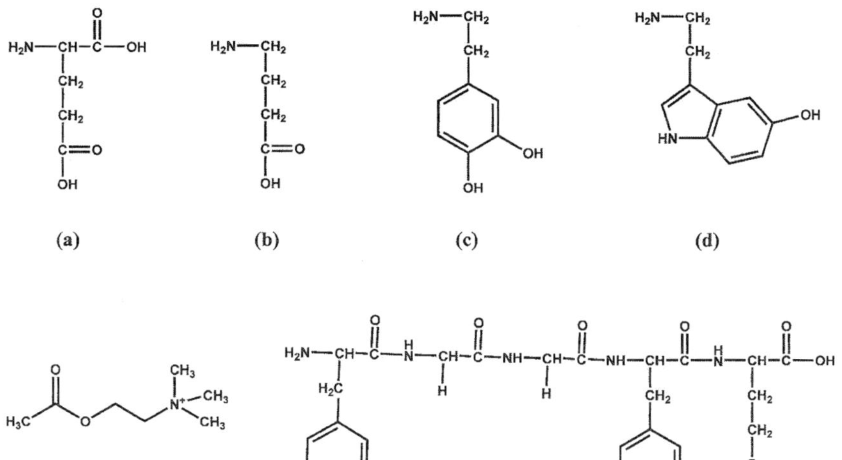

그림 4-13 여러 가지 신경전달물질. 아미노산류의 (a)글루탐산과 (b)감마글루탐산인 GABA, 아민류인 (c)도파민과 (d)세로토닌과 (e)아세틸콜린, 펩타이드류의 (f)methionine enkephalin이 있다.

그림 4-14 화학물질을 통신수단으로 사용하는 개미간의 정보전달.

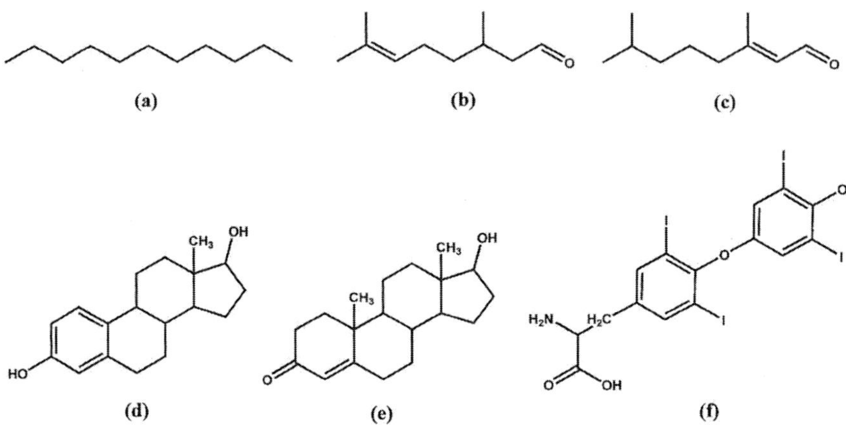

그림 4-15 페로몬과 호르몬. 개미의 경보 페로몬인 (a) undecane, (b) citronellal, (c) geranial. 포유류 등의 동물성장·분화에 폭넓게 관여하고 있는 호르몬인 (d) estradiol-17β, (e)testosterone, (f) thyroxine. 페로몬은 휘발성으로 체외에 방출되어 공중으로 퍼지고, 호르몬은 체내에서 분비되어 혈류를 타고 운반된다.

4.5 DNA -유전정보를 담당하는 분자-

단백질은 생물의 형태를 만드는 분자 또는 정보전달물질과 결합하여 정보를 전달하는 전달자로서 다양한 부위에서 활동하고 있다. 그러나 생물의 형태와 살아있는 상태를 유지시키기 위해서는 생물체의 필요한 장소에 필요한 양의 단백질을 만들어내고, 생식을 통해 자가 복제에 의한 유전정보를 전달하여 종의 보존을 가능하게 하는 **데옥시리보핵산**(deoxy ribonucleic acid, DNA)이 있어야 한다. DNA는 뉴클레오타이드로 불리는 기본골격을 단위로 한 고분자이다(그림 4-16). 그 구조는 2-deoxy-D-ribose의 오탄당이 인산을 교대로 삽입한 반복구조의 긴 사슬형태로 되어 있다. 주사슬의 당에는 측쇄인 염기가 결합하고 있다. DNA를 구성

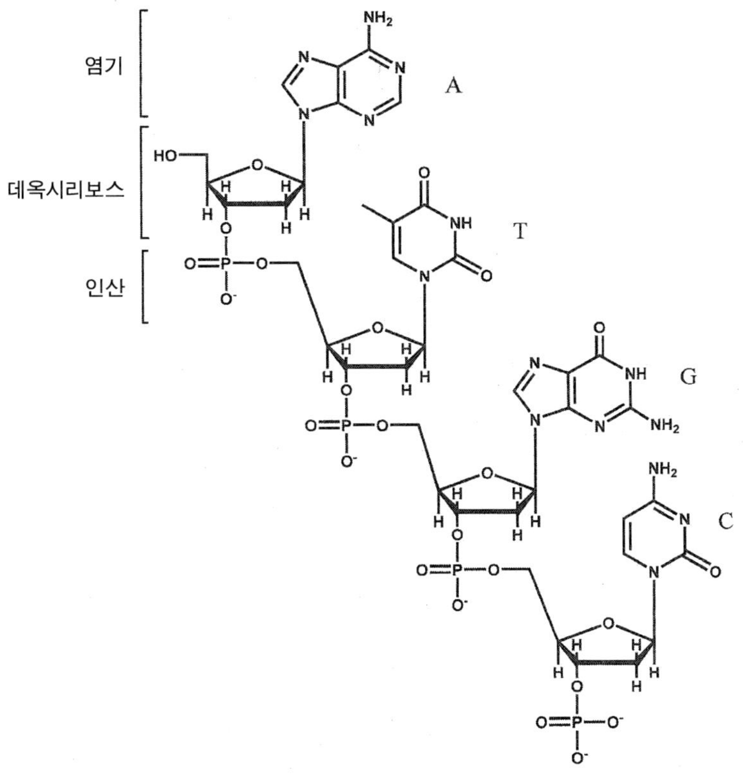

그림 4-16 DNA를 만드는 뉴클레오티드의 결합양식.

하고 있는 염기는 아데닌(adenine, A), 구아닌(guanine, G), 시토신(cytosine, C), 티민(thymine, T)의 네 종류이다. 이 염기의 배열순서가 유전정보를 만들어 내고 있다. 또한 DNA의 이중나선구조를 만들면서 A와 T가 쌍을 이루고 G와 C가 쌍을 이루는 **분자간 수소결합**을 형성하고 있다(그림 4-17, 그림 4-18). 이때 염기쌍은 이중나선의 내부에 들어있는 형태로 수소결합을 형성하고 있다.

DNA는 세포 중에 존재한다. DNA 분자는 핵막을 가지지 않는 **원핵생물**인 세균과 시아노박테리아(1~10μm정도 크기의 단세포)에서 세포내의 세포질에 둘

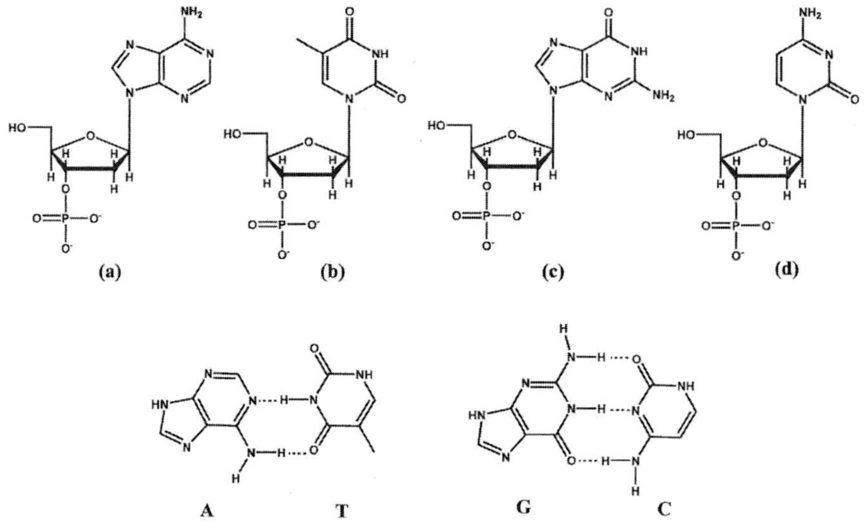

그림 4-17 DNA를 구성하는 4종류의 뉴클레오티드. (a) adenylic acid, (b)deoxythymidylic acid, (c)guanylic acid, (d)cytidylic acid. 염기 A와 T 및 G와 C 분자간 수소결합 (점선부분).

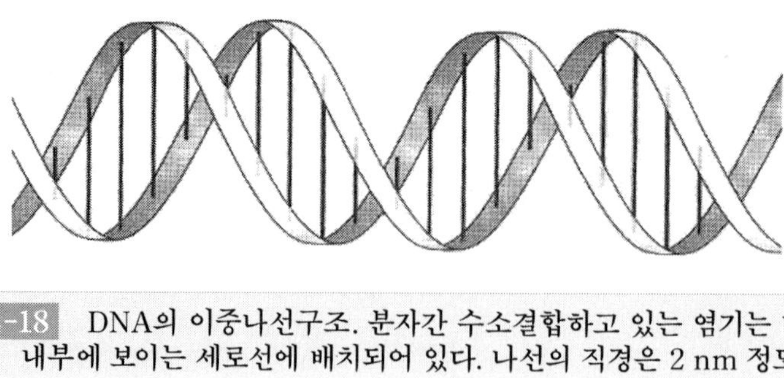

그림 4-18 DNA의 이중나선구조. 분자간 수소결합하고 있는 염기는 나선의 내부에 보이는 세로선에 배치되어 있다. 나선의 직경은 2 nm 정도.

러싸여 존재하고 있다. 한편 사람을 포함한 진핵생물에서는 세포내에 핵이 있고, 세포질과 핵 내부 물질은 핵막에 의해 구별되고 있다(그림 2-1). DNA는 단백질과의 복합체를 형성하여 핵 내에 존재하고 이런 DNA, 핵, 단백질 복합체를 염색질 또는 크로마틴(chromatin) 이라고 한다(그림 4-19). 크로마틴은 유전정보를 담당하는 DNA외에 유전자로부터 단백질로의 정보전달을 담당하는 **리보 핵산**(Ribonucleic acid, RNA)과 크로마틴의 구조 형성에 관계하는 단백질인 히스톤 및 다른 단백질로 되어 있다. 그 중에서 히스톤은 진핵생물 세포 중에 많이 존재할 뿐만 아니라 핵 내에 DNA와 거의 동량이 포함되어 있다. 이 크로마틴이 모여 있는 것이 **염색체**(chromosome)이다(그림 4-20).

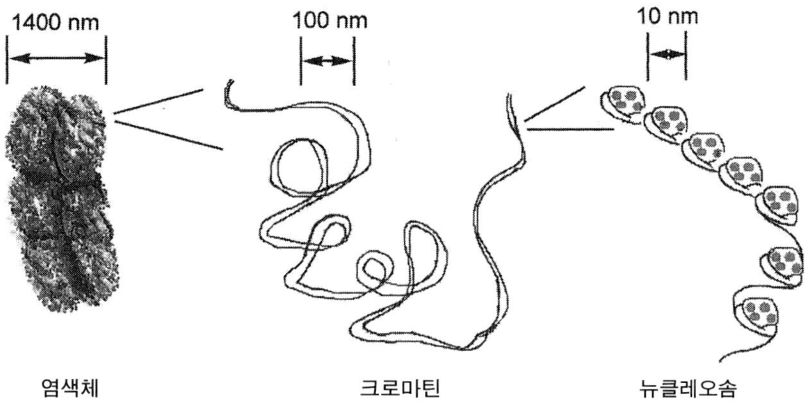

그림 4-19 염색체(좌), 얽힌 실형태의 크로마틴(중앙), 뉴클레오솜(우).

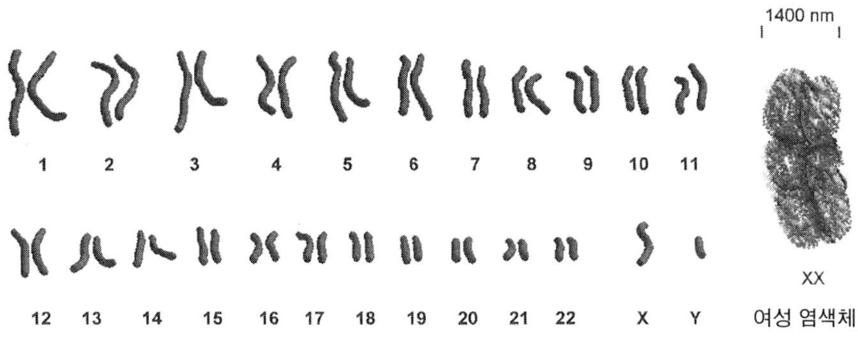

그림 4-20 사람(남성)의 46개 염색체의 크기 비교. X와 Y의 양쪽을 모두 가지는 것은 남성의 염색체. 오른쪽은 여성염색체 (XX)의 확대그림.

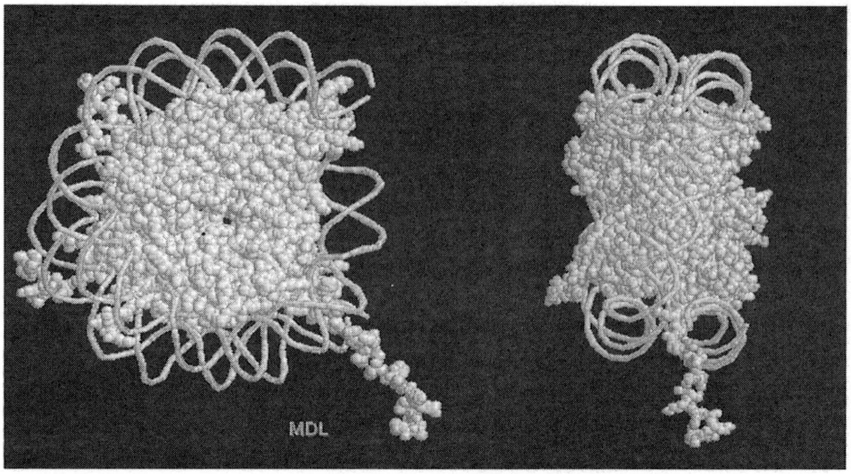

그림 4-21 뉴클레오솜(Protein data bank, ID:1AOI). 왼쪽 그림의 중심에 있는 덩어리가 히스톤이고, 주위를 감겨있는 것이 DNA쇄. 왼쪽그림을 측면이라고 하면 오른쪽그림은 정면이 됨.

얽힌 실과 같은 크로마틴을 풀어보면 직경 30nm 정도의 섬유상 물질로 되어 있고, 다시 풀어보면 직경 11nm 정도의 DNA사슬이 히스톤에 감긴 진주목걸이의 형태를 한 기본구조가 얻어 진다(그림4-19). 이것은 DNA·히스톤의 복합체로 뉴클레오솜(nucleosome)이라 불린다. 뉴클레오솜 복합체 구조는 사람의 신장 정도인 DNA 사슬을 핵 내부에 촘촘하게 접어 넣는데 필요하다(그림 4-21).

4.6 당질 -에너지원 및 이물질을 감지하는 안테나 분자-

자연계에서 유기화합물 중에 가장 많은 것은 당(탄수화물)이다. 당은 세 종류로 크게 분류되고 기본단위인 단당류, 몇 개의 단당이 결합한 올리고당류, 많은 단당이 결합한 다당류가 있다(그림 4-22). 대부분은 다당류로써 존재하고 그 역할은 저장 에너지원과 세포벽 유지이다.

생체 내 반응을 촉매하기 위한 에너지원은 전분(고등식물의 씨앗과 뿌리에 있음)과 글리코겐(동물세포 중에 있음)의 형태로 축적되어 있다. 세포질을 외부 환경으로 부터 지키기 위한 세포벽 보강제로써 식물과 갑각류 외피의 셀룰로오스와 세균 세포벽의 펩티도글리칸이 있다. 특히 셀룰로오스는 지구상에서 가장

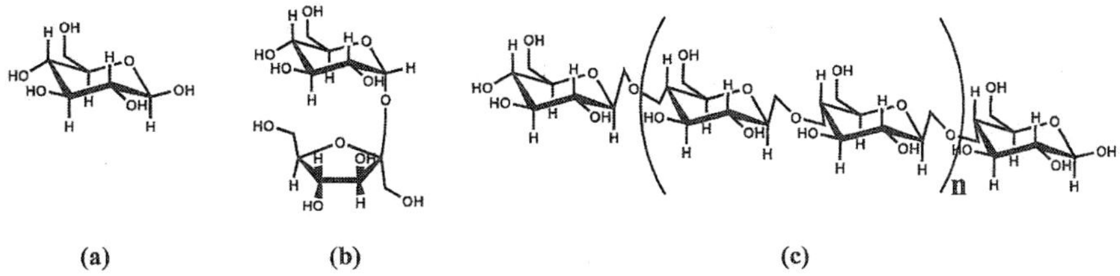

그림 4-22 당질. (a) 단당류의 β-glucopyranose, (b) 올리고 당인 쇼당, (c) 다당류의 셀룰로오스.

많은 당질이다.

동물에 있어 운동을 위한 에너지원은 항상 필요하고 직접적인 에너지는 ATP의 가수분해 반응에 의해 방출되는 자유에너지이다(3-1식). 당은 이 ATP를 합성하기 위해 사용되고 있다.

우선 저장에너지원인 전분은 소장에서 α-amylase에 의해 소화되어 glucose가 된다. 글리코겐은 근육과 간장에서 분해효소인 phosphorylase에 의해 인산이 첨가되어 phosphoglucose가 된다. Phosphoglucose는 해당과정으로 들어가 pyruvate의 생성을 거쳐 lactate를 생성 한다(그림 4-23). 이 과정에서 glucose한 분자당 ATP를 2분자 생성 하지만 전 과정에 걸쳐 10단계의 반응이 있고 제각기 반응을 진행시키기 위한 효소가 관계되어 있다. 이 반응은 자유에너지의 정방향이고, 열역학적으로는 자발적으로 진행하지만 속도론적으로는 특별한 시간 내에서 반응을 진행하기 때문에 복수의 효소를 필요로 한다.

간단하게 말하자면 **해당과정**(그림 4-23)은 glucose에서 pyruvate가 생성할 때 에너지 순환에 의해 ATP가 생성하는 대사반응이다. 이 때 glucose에서 fructose 1,6-bisphosphoric acid가 생성되는 과정에서 ATP가 소비되는 2가지의 과정이 있는데, 이 과정은 ATP의 가수분해를 필요로 하는 반응인 것에 주의해야 한다. hexokinase라는 효소가 관여하는 최초의 과정은 glucose에 ATP의 인산기를 결합시키는 과정을 촉매하고 있다. 다음에 phosphofructokinase라는 효소가 관여하는 ATP의 소비과정도 최초의 과정에서 생성한 phosphoglucose에 또 다른 하나의 인산기를 결합시켜 인산기를 두 개 가진 fructose-1,6-bisphosphoric acid를 생성시킨다. 이것도 효소에 의해 촉매 되는 과정이다. 촉매의 역할은 일반적으로 반응과정에 있는 활성화 에너지를 저하시켜 반응을 순조롭게 진행시키는 것이다. 따라서 최초의 ATP 소비는 자유에너지를 이용하는 것이 아니고 당의 인산화이다. 따라

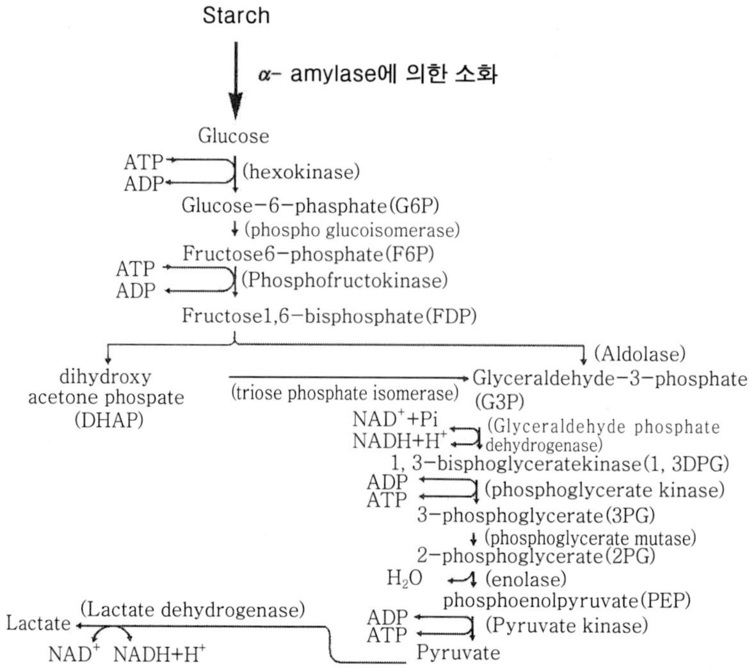

그림 4-23 **해당과정. 전분의 효소소화, glucose의 가인산분해, 해당과정에 있어 pyruvate의 생성과 lactate의 생성. 최종적으로 해당과정에서는 ATP를 합성한다(理科年表 (2005) p. 865). NAD^+와 NADH는 각각 nicotinamide adenine dinucleotide의 산화형과 환원형을 나타내고, 세포내의 많은 산화환원반응에 이용됨.**

서 pyruvate가 생성되는 과정에서 발생하는 자유에너지는 ATP의 합성에 다시 이용되므로 진정한 의미에서 에너지가 zero가 되는 것은 아니다.

당은 또한 다른 생체분자와 결합하고 복합당질(glycoconjucate)로써 동식물의 각 조직과 세포막, 체액 중에 널리 존재한다. 복합당질은 당단백질(glycoprotein), 프로테오글리칸(proteoglycan), 당지질(glycoriclipid)의 세종류로 크게 구별된다. 또한 peptide와 결합한 것은 펩티도글리칸(peptideglycan)이라 불리며 균류의 세포벽 주성분으로 균류를 기계적·생물적 자극으로부터 보호하고 있다. 당 함량이 아주 많은 프로테오글리칸은 뼈에 많은 콜라겐과 함께 세포 외 결합조직의 기질을 형성하고 있다. 세포막의 구성 성분인 당단백질과 당지질은 세포 간 인식과 세포 간 정보전달의 기능을 담당하고 있다. 어느 쪽도 세포막 표면에서 당쇄가 돌출되어 있고, 세포 외부로부터 다른 세포가 다가오거나 약물과 병원체가 다가왔

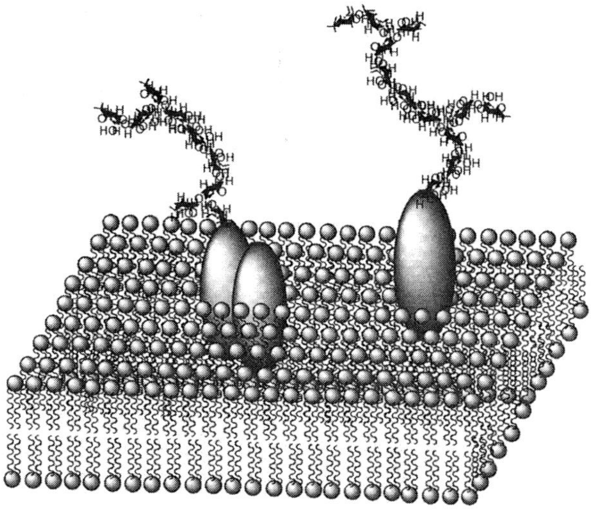

그림 4-24 당 단백질. 지질의 바다에 떠있는 단백질과 단백질에 결합한 당쇄. 생체를 구성하는 단백질의 50%이상이 당쇄와 결합하고 있다.

을 때에 그것들을 최초로 인식하는 안테나 같은 역할을 담당하고 있다. 세포막이 소수성인 것에 비해 당쇄는 전형적인 친수성 물질이고 세포막 표면에 퍼져있는 수용성 환경 중에서 흔들리며 외부로 부터의 화학 정보를 기다리고 있다(그림 4-24). 세포막의 표면에서 돌출된 부분을 가진 수용체 단백질은 외부 세포 또는 정보전달물질과 직접 상호작용하는 것이 아니고 단백질과 결합해 있는 당쇄가 최초로 분자를 인식하는 것으로 생각된다.

제5장

단백질이 만들어질 때까지

생명의 설계도라고 말하는 데옥시 리보핵산(deoxyribonucleotic acid, DNA)에는 그 염기서열상에 유전자의 정보가 암호화 되어 있고 그 정보에 따라 단백질이 만들어 진다. 이런 일련의 과정을 정보의 흐름이라고 하고 핵산에서 단백질이 만들어지는 것은 일방향성(一方向性) 특징이 있으며 이런 법칙을 센트랄 도그마(central dogma)라고 한다. 단백질의 발현은 아이디어의 발상과 그 실현에 닮아 있다. DNA상의 암호화된 정보는 우리들의 머리에 떠오르는 아이디어와 설계도(가능성)에 해당하고 그것이 구체적인 분자인 단백질로서 발현하는 것은 아이디어에 따라 문장을 쓰거나 그림을 그리거나 하는 표현에 해당한다. 실제로 영어에서는 발현도 표현도 expression이다. 우리들이 아이디어에 따라 다양하게 표현하는 것처럼 단백질은 DNA의 표현형인 셈이다. 여기서는 단백질이 DNA의 설계도에 따라 만들어질 때까지의 과정을 살펴보자.

5.1 센트랄 도그마

어떤 생물종 유전자의 1 set, 전사 산물인 **전령자** RNA(massanger ribonucleic acid, mRNA)의 1 set, 발현한 단백질의 1 set를, 각각 그 생물종의 게놈(genome), 트랜스크립톰(transcriptome), 프로테옴(proteome) 이라고 말한다. 그리고 이것은 유전자로부터 단백질이 될 때까지의 정보 흐름의 순서를 나타내고 있다. 1958년에 크릭은 생명 정보의 법칙이라고 할 수 있는 이 일방향성을 central dogma라고 제창했다. Central dogma는 오랫동안 굳게 믿어져 왔지만 1970년에 리보핵산(ribonucleic acid, RNA)으로부터 DNA을 합성하는 역전사 효소가 발견되어 일방향성의 정보흐름에 수정이 가해졌다(그림 5-1). 현재는 **핵산**(DNA와 RNA)간의 정보흐름인 DNA→RNA, RNA→DNA, DNA→DNA, RNA→RNA 외에 DNA→단백질의 흐름도 알려져 있다. 그러나 단백질에서 핵산으로의 정보의 역행은 아직 알려져 있지 않고 일방향성인 central dogma의 중심 의미는 지켜지고 있다.

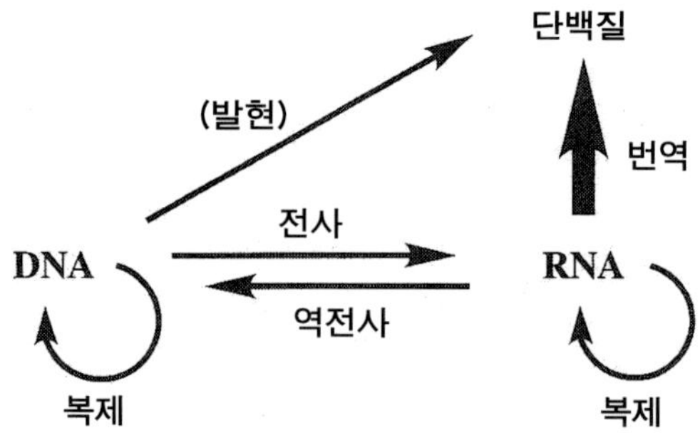

그림 5-1 수정된 센트랄 도그마. 핵산에서 단백질로의 발현으로 향하는 일방향성 정보의 흐름.

5.2 유전자와 게놈

유전정보를 가지는 요소를 유전자라고 하고 그 실체는 염기서열을 가진 DNA의 사슬이다. 핵 안에 있는 DNA는 2가닥의 DNA가 이중나선구조를 만들고 있다(그림 4-18). 나선 구조는 염기(purine염기와 pyrimidine염기)의 **분자간 수소결합**에 의해 형성되어 있다(그림 5-2). 한 가닥의 염기서열에는 단백질의 발현정보(예를 들어 아미노산 서열정보)가 숨겨져 있다. 이것이 염기서열상에 단백질의 발현정보가 코드(code) 되어 있다고 하는 이유이다. Code라는 단어에는 암호라고 하는 의미도 있다. DNA가닥 상에 단백질의 발현정보를 code하고 있

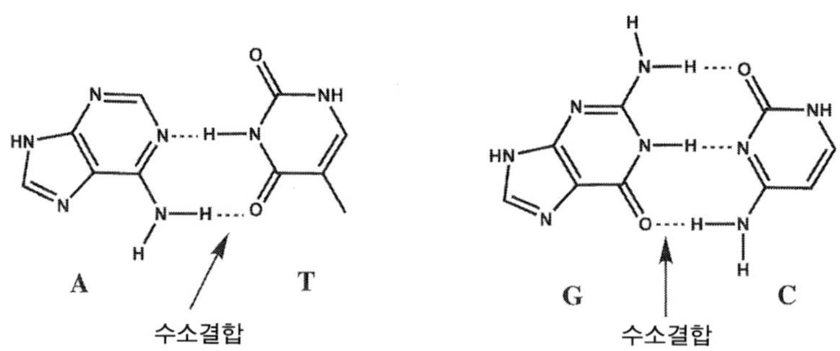

그림 5-2 DNA의 이중나선을 만드는 염기인 아데닌(A)/티민(T)/구아닌(G)/시토신(C)의 분자간 수소결합. 아데닌과 구아닌은 퓨린염기이고 티민과 시토신은 피리미딘염기.

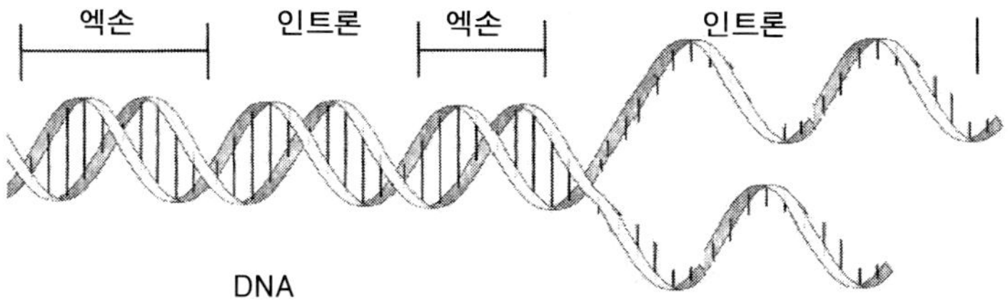

그림 5-3 DNA쇄 상에 코드되어 있는 유전자 부분인 엑손과 비유전자 부분인 인트론.

는 부분을 엑손(exon)이라고 한다(그림 5-3). 사람의 DNA의 염기서열 중 99%가 2003년 4월까지 해독되어 결정된 염기수는 28억3천만개이다.

DNA 염기서열상에 code되어 있는 유전자의 수는 2004년 10월에 약 2만2천개인 것으로 예상되었다. **사람 일생의 설계도라고 할 수 있는 2만2천개의 유전자를 인간 게놈**이라고 부른다. 유전자도 게놈도 핵 안에 존재하는 물질적 실체이고 그것은 생체 내 고분자라고 불리는 유기 화합물의 하나이다. 인간 DNA의 염기서열 중 단백질에 해당하는 유전자 부분은 2% 이하로 여겨지고 있고 단순하게 28억3천만개의 염기 중에서 2%, 즉 5660만개 염기에 2만2천개의 단백질이 code되어 있는 것이다. 평균적으로 한 개의 유전자당 2573개의 염기라는 것이 되고 이것을 단순히 단백질의 아미노산 잔기 수로 고치면 858잔기가 된다(세 개의 염기가 하나의 아미노산을 code함).

단백질의 발현정보에 관계없이 아미노산 서열 정보를 가지지 않는 DNA가닥의 염기서열 부분을 인트론(intron)이라고 하고 인간의 DNA상에는 98%이상을 쓸모없는 것으로 생각할 수 있는 염기서열이 차지하고 있다. 이 불필요한 부분의 기능은 아직 해명되지 않았지만 최근 그 유용성이 해명되고 있다. 즉 인트론 부분은 단백질의 발현까지는 가지 않지만 RNA로의 전사 유전자로서 기능을 하고 RNA가 단백질 발현을 방해, 제어하는 것으로 밝혀지고 있다.

유전자의 **염기서열**과 단백질의 **아미노산 서열**에는 대응 관계가 있다. 즉 3 염기서열의 단위가 아미노산 한 개에 대응하고 있다. 3 염기서열 단위의 것을 유전자 암호(codon)이라고 하고 네 종류의 염기(아데닌 A, 티민 T, 시토신 C, 구아닌 G)의 조합에 의해 20종류의 아미노산을 표현하고 있다. 아미노산을 결정하는 유전암호를 해독한 것은 마샬·니렌 바크(1927-)이다. 니렌 바크가 유전암호를 해독한 것은 합성 RNA(네종류의 염기는 아데닌 A, 우라실 U, 시토신 C, 구아닌 G)로부터 단백질을 합성하는 방법이었다. 실제로 단백질은 RNA로부터 번역되기 때문에 유전 암호의 염기는 A, T, C, G가 아니고 A, U, C, G의 조합이 된다(표 5-1).

5. 3 전사와 트랜스크립톰

Central dogma에 있어 DNA에서 RNA로의 정보흐름을 전사(transcription)라고 한다. 단백질의 발현에 관여하는 것은 전령자 RNA(mRNA)이고 그 중에서 DNA 염기서열과 상보적으로 생성되는 최초의 전사산물을 mRNA 전구체라고 한다. 염기의 상보적 상호작용은 DNA에서 A→T, T→A, G→C, C→G이지만 DNA에서 RNA로의 전사 동안 생기는 상보적 염기는 RNA측에서 티민 대신에 우라실이 되므로 A→U, T→A, G→C, C→G가 된다(그림 5-4).

전사에 의해 생성된 RNA의 총체를 트랜스크립톰(transcriptome)이라고 하지만 이 안에는 단백질을 code하고 있지 않은 것과 길이의 조절(스플라이싱)이 되지 않은 상태이다(5.4절 참고). 생명의 기원 연구 중에는 RNA world라는 말이 있고, 단백질이 먼저인가 RNA가 먼저인가 라는 것이 자주 화두가 되고 있다. 트랜스크립톰의 연구 중에 생명의 기원을 해결할 열쇠가 숨어 있을 가능성도 있다.

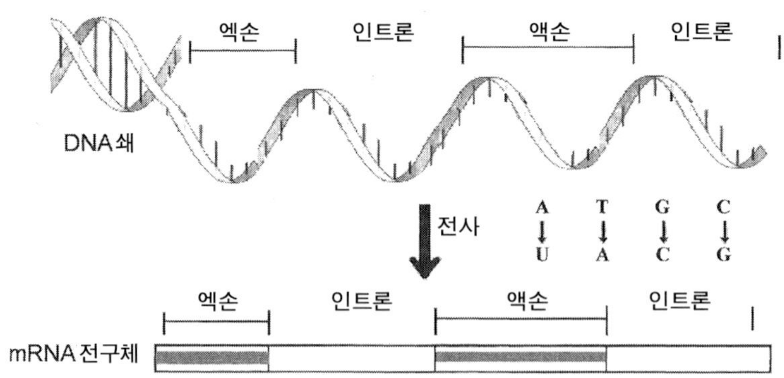

그림 5-4 전사. DNA에서 RNA로의 정보의 흐름

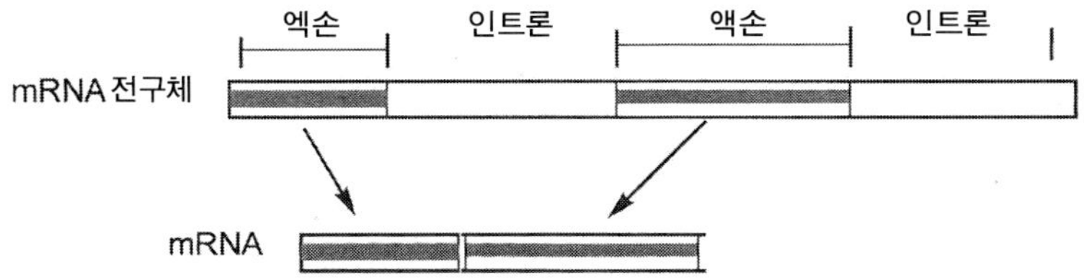

그림 5-5 스플라이싱. 단백질은 발현정보 등을 포함한 엑손만을 재배치한다. 한 개의 엑손 즉 유전자 부분은 한 개의 단백질에 해당하지만 실제로는 반드시 일대일 대응으로 발현하는 것은 아니다.

5.4 스플라이싱

DNA의 전사 산물인 mRNA 전구체는 핵 내에서 전사 후 조절을 받음으로써 인트론 부분의 염기서열이 제거된다. 이 조절을 스플라이싱(그림 5-5)이라고 하고, 단백질의 아미노산 서열을 코드하는 염기서열 만을 남긴 mRNA가 된다. 이 전사 후 조절을 받은 RNA를 성숙 RNA라고 한다. 성숙 RNA는 정보분자 mRNA로서 활동하기 위해 핵 외로 운반되고 단백질의 번역·합성기구인 리보솜에 도달한다. mRNA의 본래의 역할은 리보솜에서 단백질로의 번역과 합성이고, 번역·합성을 종료하면 신속하게 분해되어 버린다. 이들의 수명은 비교적 짧고 원핵세포에서는 10분 이내, 진핵세포에서는 수일 이내이다.

5.5 번역과 단백질 합성

DNA에는 단백질로의 번역을 개시하는 코돈(ATG)과 정지하는 코돈(TGA, TAA 또는 TAG)의 염기서열이 있다(표 5-1). DNA상의 염기서열이 mRNA에 전사되면 티민(T)이 우라실(U)로 바뀌어 개시코돈은 AUG, 정지코돈은 UGA, UAA 또는 UAG의 염기서열이 된다. 리보솜에서 단백질이 합성될 때 mRNA에서 단백질이 번역되기 시작하는 개시코돈 AUG는 아미노산의 메티오닌을 code하는 유전암호이다. 따라서 번역 직후 단백질의 **아미노말단(N말단)** 잔기는 메티오닌이다. 한편, 정지코돈은 어떤 아미노산도 코드하지 않기 때문에 **카르복실 말단(C말단)**은 특정의 아미노산이 아니다(그림 5-6).

표 5-1 RNA의 염기서열에서 단백질의 아미노산을 해독하기 위한 암호코돈 및 번역개시코돈과 정지코돈.

글루신 : GGU, GGC, GGA, GGG
알라닌 : GCU, GCC, GCA, GCG
발린 : GUU, GUC, GUA, GUG
루이신 : UUA, UUG, CUU, CUC, CUA, CUG
이소루이신 : AUU, AUC, AUA
프롤린 : CCU, CCC, CCA, CCG
페닐알라닌 : UUU, UUC
트립토판 : UGG
세린 : AGU, AGC, UCU, UCC, UCA, UCG
트레오닌 : ACU, ACC, ACA, ACG
시스테인 : UGU, UGC
티로신 : UAU, UAC
아스파라긴 : AAU, AAC
글루타민 : CAA, CAG
아스파라긴산 : GAU, GAC
글루탐산 : GAA, CAG
리신 : AAA, AAG
아르기닌 : CGU, CGC, CGA, CGG, AGA, AGG
히스티딘 : CAU, CAC
메티오닌 : AUG(개시코돈)
정지코돈 : UAA, UAG, UGA

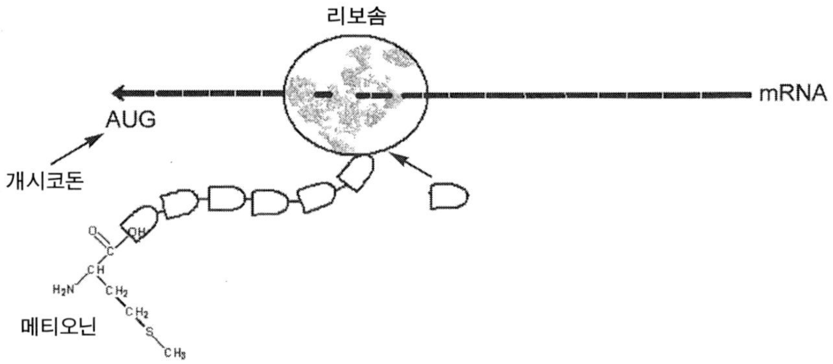

그림 5-6 번역. mRNA의 염기서열에서 단백질의 아미노산 서열로의 번역은 리보솜에서 이루어진다. 번역·합성은 개시코돈 AUG에 해당하는 메티오닌부터 시작한다.

mRNA의 각 코돈에서 해당하는 각 아미노산으로의 정보전달이 일어날 때, 각 코돈에 해당하는 아미노산은 리보솜까지 운반된다. 아미노산을 운반하는 물질이 **운반자 RNA**(transfer RNA, tRNA)이고, 20종류의 아미노산에 해당하는 종

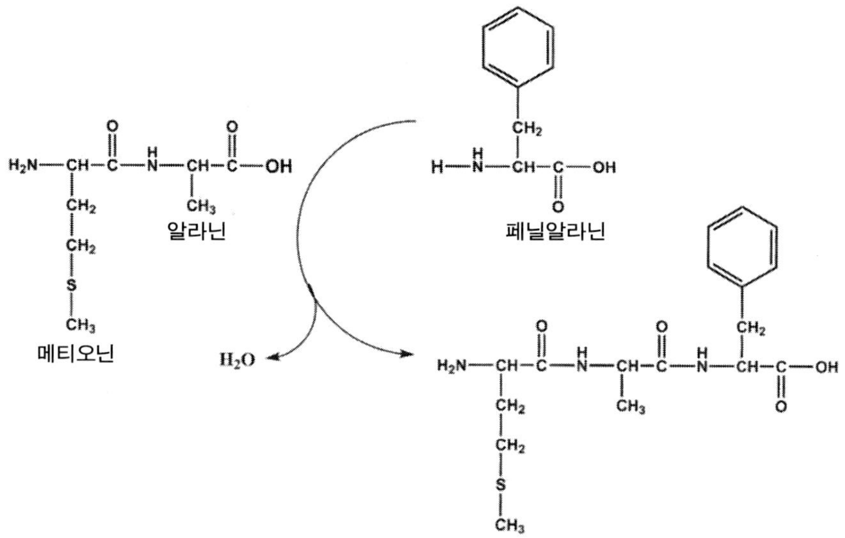

그림 5-7 폴리펩타이드 합성의 모식도. 메티오닌·알라닌에서부터 펩타이드의 C말단(COOH)에 페닐알라닌의 N말단이 결합하면 탈수반응과 함께 메티오닌·알라닌·페닐알라닌의 펩타이드가 합성된다.

류가 있다. tRNA는 75개 정도의 비교적 짧은 염기서열로 구성되고, RNA중에서는 가장 짧다. tRNA와 결합하여 리보솜까지 운반된 아미노산은 N말단에서 차례로 결합하여 폴리펩타이드를 형성해 간다(그림 5-7). 이 합성반응에서 먼저 tRNA가 각각의 아미노산을 선별하여 결합하기 위해서는 ATP의 자유에너지를 이용한 아미노산의 활성화가 필요로 하다. 다시 말해, 아미노산 C말단의 수산기가 아데닐화(고에너지 결합형성에 의한 아미노산의 활성화) 되어 AMP의 해리를 동반하면서 tRNA와 결합하여 아미노아실 tRNA가 생성한다(그림 5-8). 아미노산의 활성화와 tRNA와의 결합 형성에는 특정의 아미노산과 tRNA를 결합시켜 주는 효소가 관여하고 있다. 이 효소는 아미노아실 tRNA 합성효소라고 하고, 아미노산의 수만큼 있으며 아미노아실 tRNA의 합성이 끝날 때까지 아미노산과 결합하고 있다.

리보솜에서 일어나는 단백질의 합성은 아미노산과 결합한 아미노아실 tRNA가 리보솜까지 운반되고, 먼저 생긴 폴리펩타이드의 C말단에 **펩타이드 결합**을 형성하여 아미노산을 신장시킨다. 이때의 합성반응은 리보솜이 촉매가 되어 진행하고, 반응 후에도 아미노아실 tRNA의 tRNA분자는 결합된 채로 있다. tRNA는 다음의 아미노아실 tRNA가 올 때까지 남게 되고, 새로운 펩타이드 결합이 형성

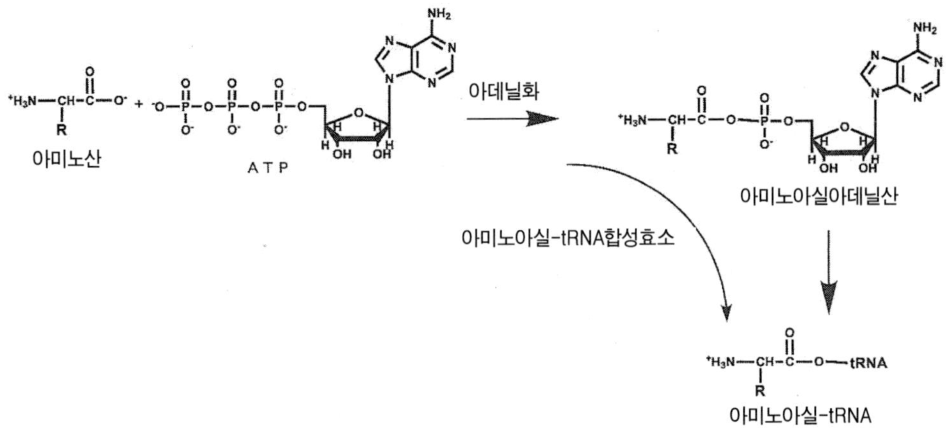

그림 5-8 아미노아실 tRNA의 합성.

되었을 때에 해리된다. 이렇게 N말단에서 C말단을 향하여 폴리펩타이드쇄가 신장하고 최종적으로 리보솜에 mRNA의 정지코돈 (UGA, UAA, UAG)이 인식되면 번역은 종료하고 폴리펩타이드는 리보솜에서 유리된다. 유리된 폴리펩타이드는 단백질로서의 기능을 발휘하기 위해 다양한 해리반응과 수식반응을 받으면서 고차구조를 형성해 간다(제9장).

5.6 번역 후 수식과 프로테옴

번역 및 합성을 끝내고 리보솜에서 유리한 폴리펩타이드는 반응성이 풍부한 N말단의 아미노기(-NH_2)와 아세틸기(-$COCH_3$, Ac로 생략) 등에 의해 차단(-NHAc)되거나 시스테인 잔기(-SH)사이에 disulfide(-S-S-) 결합을 형성하거나, **아미노산 측쇄**의 **인산화**, **글리코실화**, **메틸화** 등의 **번역 후 수식**을 받는다. 수식은 번역된 직후부터 시작하여 폴딩(folding)과 동시에 진행된다. 수식의 종류는 아주 다양하고 그 다양성에 따라 단백질의 다양한 기능도 생긴다. 100종류 이상의 번역 후 수식은 그 각각에 대해 전문가가 있을 정도로 생물의 기능에 있어 중요한 의미를 가진다.

단백질은 입체구조의 형성과 동시에 수식을 받고 기능적인 형태를 갖추어 활동할 수 있게 된다(그림 5-9). 이것을 단백질의 성숙(matured protein)이라고 하고,

특정의 생물종 또는 특정의 장기와 세포에 발현하는 모든 단백질을 지칭하여 '프로테옴(proteome)'이라고 한다. 사람의 프로테옴이라고 하면 사람이 태어나서 죽을 때까지의 모든 단백질을 지칭한다. 또한, 사람 간장의 프로테옴이라고 하면 사람의 간장에 발현하는 모든 단백질을 지칭한다. 가옥에 비교하면 DNA는 그것을 만들기 위한 설계도에 해당하고, 단백질은 가옥의 건축자재에 해당한다. 건축자재는 원목상태로는 쓸 수 없고 가공해서 목적에 맞는 형태를 갖추어야 한다. 이 가공의 단계가 번역 후 수식에 해당하며 쾌적하게 살 수 있는 가옥의 형태를 갖추는 것이 고차구조의 형성에 해당한다.

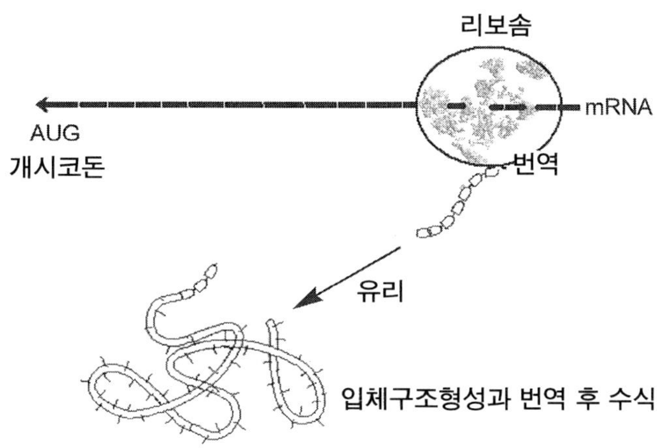

그림 5-9 입체구조형성과 번역 후 수식을 끝내고 활동하는 단백질.

제6장

단백질의 관찰

단백질 분자를 관찰하는 방법은 여러 가지가 있다. 단백질 분자의 크기는 2~10 nm 정도이므로 육안으로는 볼 수 없다. 형태도 화학구조도 직접적으로 관찰할 수 없다. 사람의 육안으로 관찰할 수 있는 것은 수백 μm(0.1 mm)까지이다. 광학 현미경으로도 관찰 가능한 크기는 가시광(파장 0.4~0.7 μm)의 파장까지이므로 동물세포 중의 핵, 미토콘드리아, 리소좀을 관찰하는 것에 지나지 않다. 단백질의 존재를 인식하거나 관찰하기 위해서는 직접적이고 특별한 방법이 필요하다. 여기서는 단백질의 존재를 인식하기 위해 자주 사용되는 전기영동법과 형광 현미경 법에 대해서 알아보자. 이 방법들은 단백질의 구조에 대해서는 아무것도 알 수 없지만 단백질의 동정에 사용할 수 있다.

6. 1 2차원 전기영동

2차원 폴리아크릴아마이드 겔 전기영동(two-dimensional polyacrylamide gel electrophoresi, 2D-PAGE)의 목적은 생체에서 얻어진 단백질의 혼합물을 분리하고, 각각의 단백질 존재를 시각화하는 것이다. 분리된 각각의 단백질은 2차원 막상의 가로축(**등전점** pI, 6. 1. 1 참고)과 세로축(**상대분자질량** M_r)에서 지정된 위치에 점으로서 관측된다(그림 6-1). (pI, M_r)에서 나타난 위치정보는 단백질 고유의 정보로 이용된다. 단백질을 구성하는 아미노산에는 소수성·친수성의 물리적 성질 외에 염기성·산성의 화학적 성질을 가진 것이 있고, 이것이 단백질 전체의 평균적인 성질을 결정하고 있다. 단백질을 관찰하는 방법은 물리·화학적인 성질을 이용하고 있는 것이 많다. 단백질의 전기영동을 지배하는 중요한 관계는 proton(H^+)의 공여체를 산으로 정의하고 수용체를 염기로 정의하는 브렌스테드(broensted)의 산·염기 평형이다.

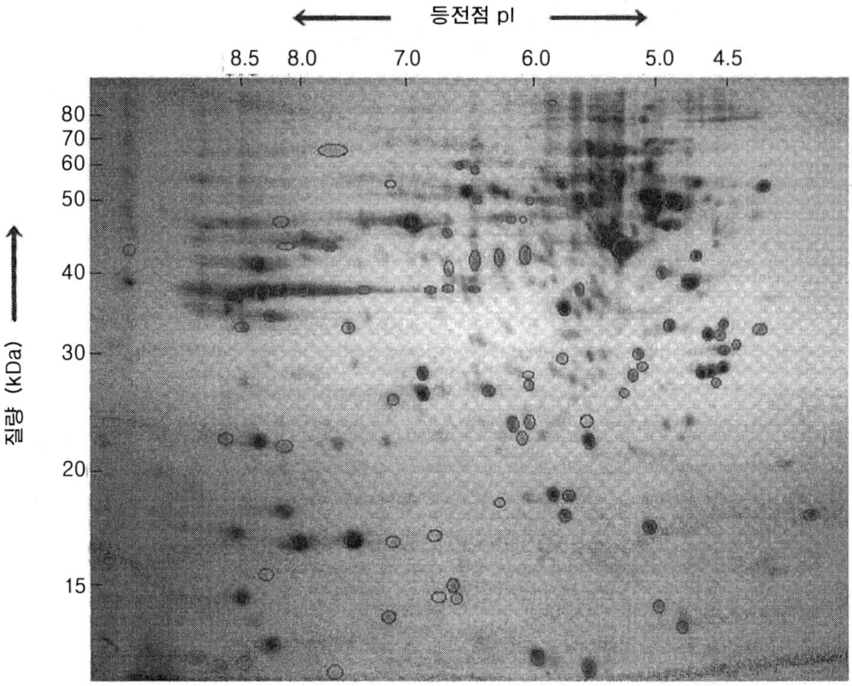

그림 6-1 사람 타액선 암세포에서 발현한 단백질의 2차원 전기영동 형태. 1차원의 등전점 전기영동(가로축)과 2차원 전기영동(세로축)에 의해 분리된 단백질의 점(사진은 岩手醫科 大學·加茂政晴博士의 허가로 전재).

6. 1. 1. 1차원의 등전점 전기영동을 주관하는 proton(H^+)

아미노산, 펩타이드, 단백질 등의 극성 분자 대부분은 용액 중에서 proton(H^+)의 전달에 의해 전하(양 또는 음의 전기)를 갖게 된다. 전하를 가진 아미노산, 펩타이드, 단백질을 이온이라고 한다. 이들 전하를 가진 이온은 전기적인 힘(전기장)에 의해 이동한다. 1차원의 **등전점 전기영동**(isoelectric focousing)은 proton의 전달에 의해 생기는 단백질 이온을 pH가 산성에서 염기성까지 연속적으로 변하는 gel상의 전기장에 의해 이동시키는 것이다. 단백질 이온은 gel상의 산성 환경과 염기성 환경 중에서 proton을 주고 받으며 진정한 의미의 전하가 0이 될 때까지 계속해서 이동한다. 전하가 0이 된 단백질이 정지한 지점을 등전점(isoelectric point, pI)이라고 한다. 등전점(pI)은 단백질의 전하가 0이 되었을 때의 pH값을 나타낸다.

실제의 조작에서 고정화된 pH 구배를 가진 gel 중에 단백질 혼합물 시료를

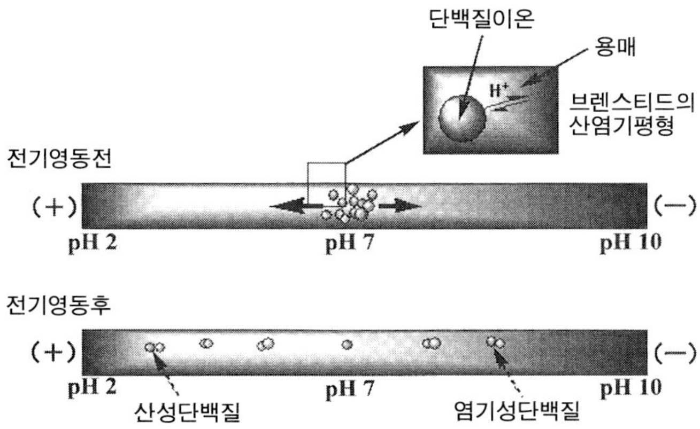

그림 6-2 등전점 전기영동의 전(위)과 후(아래).

주입하고 양 측에서 고전압(수백V~수천V)을 건다. 산성 gel측에 양극을, 염기성 gel측에 음극을 걸면 음의 전하를 띤 산성 단백질은 양극으로 이동하고 산성 gel에서 proton을 받아 중성화한 곳에서 정지한다. 한편 양의 전하를 띤 염기성 단백질은 음극으로 이동하고 염기성 gel에 proton을 전달하여 중성화하고 정지한다(그림 6-2). 정지한 위치가 그 단백질의 등전점이 된다. 등전점 전기영동에 거는 단백질은 용해성을 높이기 위하여 사전에 시료를 조제할 때, 요소에 의한 **변성**과 환원제에 의한 disulfide **결합**의 **절단**처리를 행한다.

6. 1. 2 아미노산 등전점의 이해

단백질의 등전점을 더욱 잘 이해하려면 아미노산의 등전점을 생각하면 된다. 아미노산은 수용액 중에 proton을 받거나 방출하거나 해서 전하를 가진다. 산성용매 중에는 proton(H^+)를 받아 정(正)의 전하를 가지기 쉽고, 염기성 용매 중에서는 proton(H^+)를 방출하여 부(負)의 전하를 가지기 쉽다. 중성용매 중에서는 부재탄소(α 탄소, C_α)에 결합하고 있는 α-카르복실기(α-COOH)가 이온 해리되어 α-COO^-가 되고, α-아미노기(α-NH_2)는 proton을 받아 α-NH_3^+가 된다(그림 6-3). 그러나 많은 아미노산의 α-카르복실기의 산성도는 아미노산 측쇄 R의 산성·염기성에 따라 중성 또는 산성 또는 염기성으로 된다.

아미노산의 등전점 pI도 전하가 0이 되는 pH로 정의된다. 아미노산의 등전점은 α-카르복실기, α-아미노기, 아미노산 측쇄에 있어 proton의 해리정수 K_a의 대

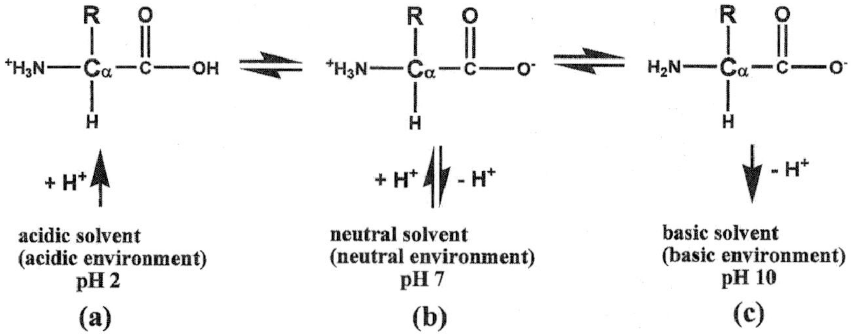

그림 6-3 (a)산성, (b)중성, (c)염기성 수용액 중에 놓인 아미노산의 이온화 상태.

수(pK_a)에서 구해진다. 여기에서 아미노산(A)에서의 proton의 해리를 바탕으로 pH와 pK_a의 관계를 나타내어 보자.

브렌스테드의 정의에 따라 아미노산이 proton(H^+)을 방출하는 정도를 산·염기 평형으로 나타내면 다음과 같다.

$$\text{산 (A)} \rightleftarrows \text{염기 (B)} + H^+ \quad (6.1)$$

이때의 해리정수(K_a)는 다음과 같이 정의한다.

$$K_a = [B][H^+]/[A] \quad (6.2)$$

여기에서 [ ]의 표시는 각 화학종의 몰농도를 나타낸다. 이것에서 수소이온농도는 $[H^+]=K_a[A]/[B]$와 같이 된다. 여기에서 정의에 따라 $pH= -\log[H^+]$이므로 pH는 대수 log를 사용하여 다음과 같이 나타낸다.

$$pH = -\log K_a + \log([B]/[A]) \quad (6.3)$$

여기에서 $pK_a= -\log K_a$이므로 다음과 같은 pH와 pK_a 관계를 얻는다.

$$pH = pK_a + \log([B]/[A]) \quad (6.4)$$

아미노산의 등전점은 해리정수에서 구할 수 있으므로 아미노산에서 proton의 해리를 생각하면 된다. 그림 6-3에서 나타낸 것처럼 아미노산은 **부재 탄소**(C_α)의 주위에 수소원자(H), 카르복실기(COOH), 아미노기(NH_2) 외에 아미노산 측쇄(R)를 가진다. 수소 원자의 이온 해리는 일어나지 않기 때문에 카르복실기, 아미노기, 측쇄의 3곳에서 proton 해리가 일어날 가능성이 있고, 따라서 다음 3가지의 해리정수를 생각할 수 있다.

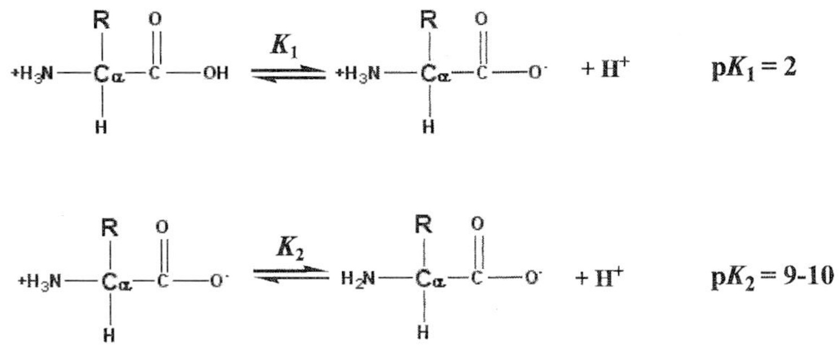

그림 6-4 α-carboxyl기(위)와 α-amino기(아래)의 평균적인 pK_a값.

K_1 : α-COOH의 해리정수

K_2 : α-NH_3^+의 해리정수

K_3 : 아미노산 측쇄 R의 해리정수

여기에서 해리정수 K_n의 순서 n은 상기와 같이 COOH, NH_3^+, R의 순으로 정할 수도 있고, pH값의 순서로 정할 수도 있다. 여기서는 상기와 같이 α-COOH의 해리정수를 K_1, α-NH_3^+의 해리정수를 K_2, 아미노산 측쇄 R의 해리정수를 K_3으로 한다. 20종류의 아미노산에 공통으로 카르복실기의 해리정수 K_1과 아미노기의 해리정수 K_2는 아미노산 측쇄의 영향을 다소 받지만, 어느 쪽도 대체로 일정값을 가진다(그림 6-4).

아미노산의 등전점 pI를 계산해서 구할 때는 pK_1과 pK_2의 값을 가진 아미노산에서 그것의 단순평균을 취한다. 그러나 pK_1과 pK_2외에 pK_3의 값도 가지는 경우는 지배적인 2가지의 해리정수 K의 대수의 단순평균에서 구하는 것이 일반적이다. 지배적인 2가지라는 것은 한 개의 아미노산에 대해서 상기 3개의 해리정수 K_1, K_2, K_3가 있을 때 산성 측의 두 개 혹은 염기성 측의 두 개를 골라 평균을 잡는 것을 의미한다. 표 6-1에 아미노산의 pK_a값과 등전점을 정리 하였다.

단백질에서 C말단의 α-카르복실기와 N말단의 α-아미노기의 해리정수는 아미노산의 값과도 다르고 제각기 pK_1값은 3~3.2이고 pK_2값은 7.6~8.4가 된다. 산성 아미노산(그림 6-5)에 있는 아스파라긴산(pI 2.77)과 글루타민산(pI 3.22)을 과잉으로 포함한 단백질은 카르복실기의 해리 이온화(-COOH → COO^- + H^+)로 인해 음전하를 많이 가진다. 이런 성질의 단백질을 산성 단백질이라고 한다.

한편 염기성 단백질(그림 6-6)에 있는 아르기닌(pI 10.7), 리신(pI 9.7), 히스

표 6-1 아미노산의 pK_a(Hay : 생체무기화학(1986) p.22)와 등전점 pI 값(理科年表 (2005) p.526).

아미노산	pK_1	pK_2	pK_3	pI
소수성아미노산				
글리신	2.35	9.78	–	5.97
알라닌	2.35	9.87	–	6.00
발린	2.29	9.74	–	5.96
루이신	2.33	9.74	–	5.98
이소루이신	2.32	9.76	–	6.02
메치오닌	2.13	9.28	–	5.74
프롤린	1.95	10.64	–	6.30
페닐알라닌	2.16	9.18	–	5.48
트립토판	2.43	9.44	–	5.89
중성아미노산				
세린	2.19	9.21	–	5.68
트레오닌	2.09	9.11	–	6.16
시스테인	1.92	10.46	8.35	5.07
티로신	2.20	10.13	9.11	5.66
아스파라긴	2.10	8.84	–	5.41
글루타민	2.20	9.10	–	5.65
산성아미노산				
아스파라긴산	1.99	9.90	3.90	2.77
글루탐산	2.10	9.47	4.07	3.22
염기성아미노산				
리신	2.16	9.18	10.79	9.74
아르기닌	1.82	8.99	12.48	10.76
히스티딘	1.80	9.33	6.04	7.59

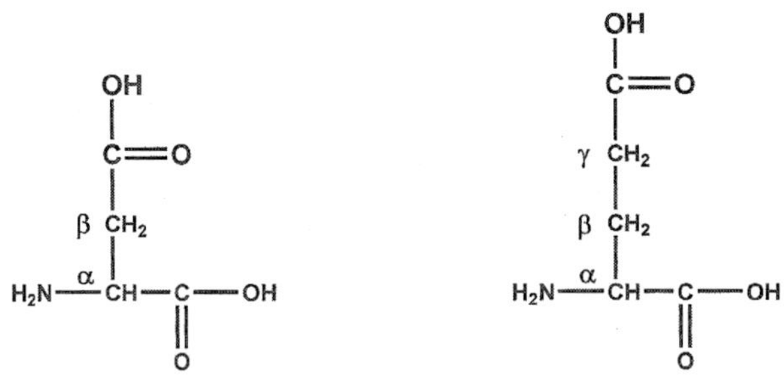

(a) (b)

그림 6-5 산성 아미노산. (a)아스파라긴산과 (b)글루탐산.

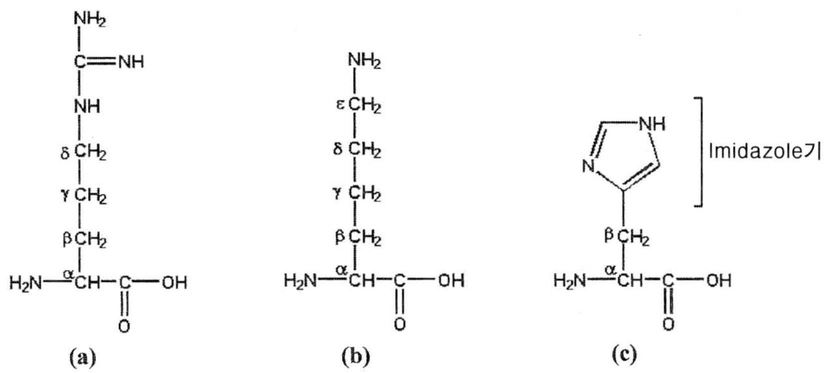

그림 6-6 염기성 아미노산. (a)아르기닌, (b)리신, (c)히스티딘

티딘(pI 7.6)을 과잉으로 포함한 단백질은 제각기 guanidino group(-NH-C(NH)-NH_2), amino group(-NH_2), imidazole group(그림 6-6 참고)이 proton(H^+)을 받기 쉽기 때문에 양의 전하를 많이 가진다. 이런 성질의 단백질을 염기성 단백질이라고 하고 리소자임은 그 전형적인 예이다.

6. 1. 3 2차원의 SDS 전기영동을 주관하는 것은 단백질의 크기

단백질은 아미노산이 펩타이드 결합에 의해 연결된 연쇄상 구조를 가지고 그 사슬(1차구조)이 길수록 단백질의 질량은 커진다. 아미노산의 단위구조 즉 **아미노산 잔기**(-NH-C_α(R)-CO-)의 **평균 질량**은 118.9 Da이다. 즉 펩타이드가 한 잔기 길어지면 단백질의 질량은 119 Da 만큼 늘어나는 것이 된다. 이 단백질의 크기와 질량의 대응관계를 이용하여 1차원에서 pI로 분리한 단백질을 2차원에서는 질량의 차이에 따라 분리한다. 1차원에서 disulfide 결합을 환원시키고 다시 요소로 변성을 받은 단백질은 3차구조가 없어지고 아미노산 측쇄를 용매에 노출한 연쇄상 구조를 가진다. 이 연쇄상 길이의 차이에 따라 단백질을 분리하기 위해서는 1차원 종료 후의 시료에 도데실유산나트륨(sodium dodecyl sulfate, SDS)을 섞는다. SDS는 수용액 중에서 이온해리 하는 양친매성(소수성과 친수성의 양쪽성질)을 가진 계면활성제이다(그림 6-7).

SDS는 수용액 중에서 이온해리 하고 dodecyl sulfate인 RO-SO_2O^-(R=$C_{12}H_{25}$)와 나트륨 이온인 Na^+가 된다. 단백질의 염기성 부분은 proton화하여 양으로 하전 되어 있으므로 dodecyl sulfate 이온의 마이너스 전하 부분이 쿨롱힘(Coulombs

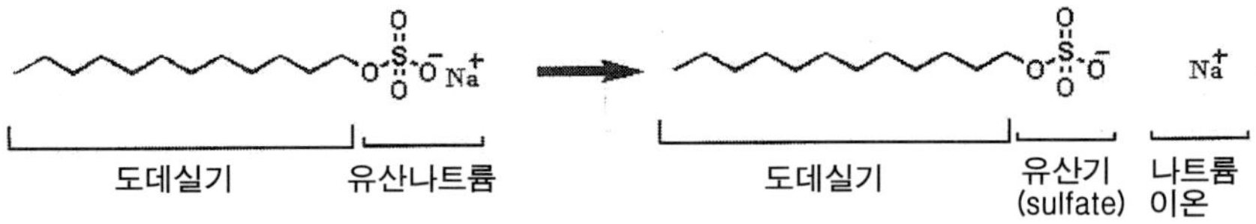

그림 6-7 도데실유산나트륨. 수용액 중에서는 도데실유산이온과 나트륨이온으로 해리한다.

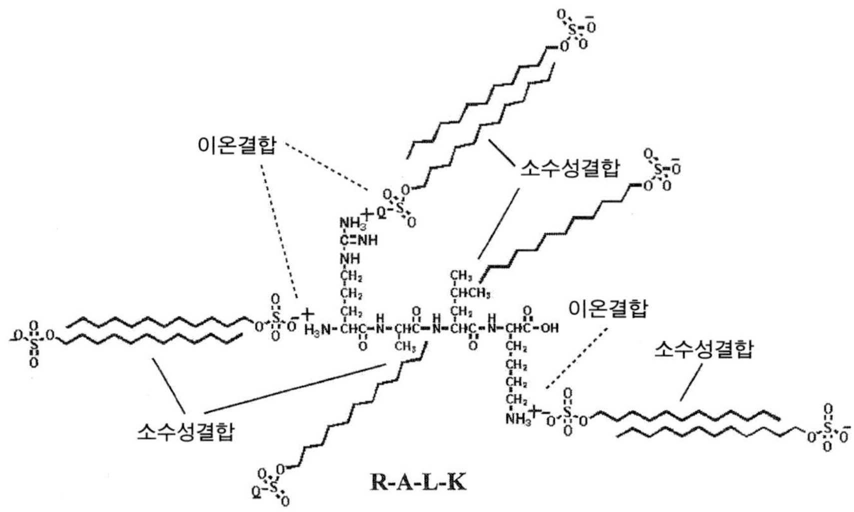

그림 6-8 펩타이드(아르기닌·알라닌·루이신·리신의 배열을 가짐)와 이온결합한 도데실유산나트륨. 유산이온 부분은 펩타이드의 염기성부분과 이온결합한다. 그 주위에 부전하를 띤 도데실유산나트륨 이온이 수소결합하고 미셀상 구조를 형성한다.

Force)으로 결합하고 중성화한다. 그러나 dodecyl 기가 소수성이기 때문에 다른 dodecyl sulfate 이온의 dodecyl 기와 소수성 결합하고 미셀(micelle)을 형성하면서 복합체가 성장한다. 미셀상의 복합체 표면에서는 sulfate이온이 노출되고 수용액에 용해되어 안정화 된다. 이때 미셀상의 단백질 복합체는 sulfate 이온 때문에 마이너스로 하전 되어 있다(그림 6-8). 이 상태에서 폴리아크릴아마이드 gel로 전기영동 시키면 단백질 복합체는 양극으로 이동하면서 복합체의 크기에 따라 분리가 일어난다. 복합체의 크기는 단백질의 길이와 같고 위에서 말한 것처럼 단백질의 길이는 질량과 대응관계가 있기 때문에 결과적으로 단백질을 질량으로 분리할 수 있게 된다. 물론 질량 분리의 정밀도는 1 Da를 분리할 수 있을 정도로 엄밀한 것은 아니고 원칙적으로 크기로 분리하는 정도의 정밀도에 지나지 않는다.

2차원 전기영동(2D-PAGE)후에 단백질은 gel에서 염색하면 관찰할 수 있다. 염색에는 색소인 comassie brilliant blue(CBB)를 이용하면 수십 pmol(10^{-11}mol)양의 단백질까지 관찰할 수 있다. 은 이온(Hg^{+})으로 염색하면 수 pmol(10^{-12}mol) 정도의 양까지 관찰할 수 있게 된다. 이처럼 2D-PAGE를 사용하면 그림 6-1에서 나타낸 것처럼 2차원의 gel상에서 분리 전개한 단백질을 육안으로 관찰할 수 있게 된다.

6.2 형광 현미경

단백질의 특정 아미노산 서열을 인식하는 항체 단백질(immunoprotein)을 이용하여 형광 현미경에서 단백질을 관찰 할 수 있다. 항원 항체 상호작용의 높은 특이성을 이용하여 목적 단백질에 항체를 결합시킨다. 다음으로 항체 단백질의 시스테인 잔기의 티올기(-SH)와 다른 아미노산의 아미노기(-NH_2)와 특이적으로 공유결합을 형성하는 형광색소인 플루오레세인(fluorescein(그림 6-9), tetramethylrhodamine)등을 결합시킨다. 이와 같이 형광 색소와 항체 단백질의 복합체가 형성하고(그림6-10) 여기에 특정 파장의 빛을 조사하면 형광을 나타낸다. 이 방법은 생물조직의 절편 시료를 이용하고 어떤 조직 부위에 단백질이 발현하는 가를 관찰할 때에 사용된다. 검출은 단백질-항체-형광색소의 복합체에서 나타나는 형광을 관찰하는 것이고 수 μm의 크기까지 관찰 할 수 있다(그림 6-11).

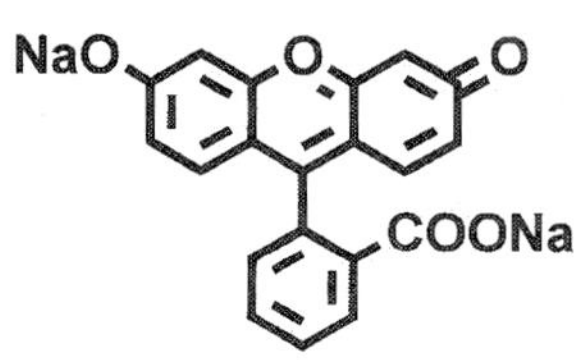

Fluorescein sodium

그림 6-9 형광색소인 플루오레세인나트륨.

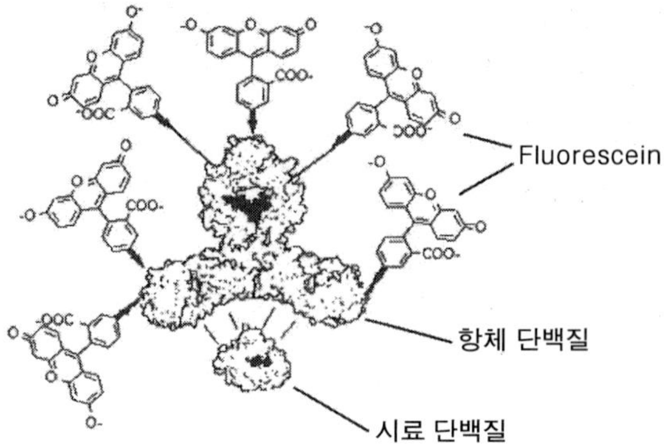

그림 6-10 단백질-항체-형광색소의 복합체.

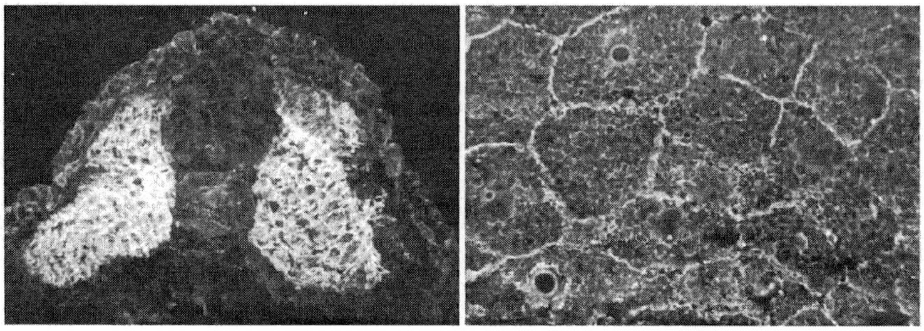

그림 6-11 도마뱀의 초기발생단계에서 배(胚)단면의 형광현미경상. (a)척추단면에 발현한 단백질인 미오신을 플루오레세인의 형광으로 관찰 (b)세포막에 있는 막단백질인 액틴을 형광으로 관찰. 밝은 부분에 많은 단백질을 포함한다(사진은 横浜市立大學國際總合科學研究科·內山秀穗博士의 허가로 전재).

제 7 장

단백질의 입체구조해석

단백질의 입체구조를 해석하는 기술에는 X선 결정구조해석법, 핵자기공명법, 전자선 결정구조해석법(전자선회절법 또는 전자현미경), 중성자회절법, 원자힘현미경, 계산기 시뮬레이션법 등이 있다. 최근에는 단백질의 움직임을 실시간으로 관찰하기 위한 광학현미경과 단백질의 움직임을 복수의 레이저광을 조사하여 관찰하는 방법도 개발되고 있다. 여기서는 단백질 데이터뱅크(제 8장 참고)에 등록되어 단백질의 구조 해석에 이용되고 있는 X선 결정구조해석과 핵자기공명법에 대해서 알아보자.

7.1 X선 결정구조해석 -단백질의 결정구조-

X선 결정구조해석에서는 결정의 원자배치(3차원 공간배치)를 결정해 준다. X선 결정구조해석의 원리는 조사 X선이 원자를 구성하는 전자에 의해 산란되는 성질을 이용하고 산란광의 강도에서 전자밀도를 구하면 원자의 존재 확률을 결정할 수 있게 된다. X선의 역사에 대해서는 제 1장에서 간단하게 언급하였고, 여기서는 X선의 성질에 대해 알아보자.

7.1.1 X선에 대해서

X선은 파장이 0.01~수십nm(10^{-11}~10^{-8}m 또는 0.1~100Å)정도 범위의 전자파이다. 0.1~수Å 정도까지의 단파장을 경(硬)X선, 수Å~500Å정도의 것을 연(軟)X선이라고 한다. 결정구조해석에는 0.5~3Å정도의 연X선을 사용한다. 원자핵은 전자와 비교하여 3배 이상 무겁기 때문에 X선은 원자핵에서는 산란되지 않고 원자핵의 주위에 존재하는 전자에 의해 산란된다. 경X선의 파장은 원자의 크기를 결정하고 있는 전자의 퍼진 정도라는 사실에 주의하자. 나중에 서술하는 X선의 회절현상은 원자간 거리 정도의 파장을 사용하여 발생하기 때문에 단백질을 포함하는 유기화합물의 구조해석에는 1Å정도의 파장인 X선이 가장 많이 사용된다.

7. 1. 2 단백질 X선 결정구조해석의 역사

X선을 사용한 단백질 결정구조해석에 관한 역사는 1962년에 섬머(1887~1955)가 작두콩의 아세톤 추출액에서 urease의 결정을 얻을 때부터 시작되었다. 그러나 실제로 단백질 결정의 X선 회절상을 처음으로 촬영한 것은 버널(1901~1971) 등이고 시료는 단백질 분해효소의 하나인 펩신 결정이었다. 또 1936년 이후 버널의 밑에서 단백질 결정의 X선 회절상을 촬영하고 있었던 페르츠는 20년 이상 걸려서 헤모글로빈의 입체구조를 해명하였다. 1958년에는 켄드루가 파장 6Å의 X선을 사용하여 미오글로빈의 결정구조를 해명했다. 이 업적에 의해 1962년 페르츠와 켄드루는 노벨화학상을 수상하였다.

7. 1. 3 X선 회절

단백질의 펩타이드를 구성하는 원자간 거리는 1~2Å 정도이다. Alanylalanine(Ala-Ala)의 예를 그림 7-1에 나타내었다. 각 결합의 값은 원자간 거리를 나타낸다. 카르보닐 이중결합과 펩타이드 결합의 이중결합은 상호간의 공명구조를 가진다. X선은 펩타이드 사슬을 구성하는 각 원자의 전자에 의해 산란된다. 원자의 중심에 가까우면 가까울수록 전자의 존재확률이 높기 때문에 X선의 산란 확률이 증가한다. 따라서 X선이 강하게 산란되는 곳에서 원자의 존재 확률도 높아진다. 역으로 원자와 원자사이에 도달한 X선은 산란되지 않고 통과하기 쉽기 때문에 산란확률은 저하되고 원자의 존재확률도 낮아진다. 원자의 존재확률이 높은 위치에서 산란된 반사선 중에서, 같은 반사각 θ를 가지고 반사행로가 파장 λ의 정수배가 되어 브래

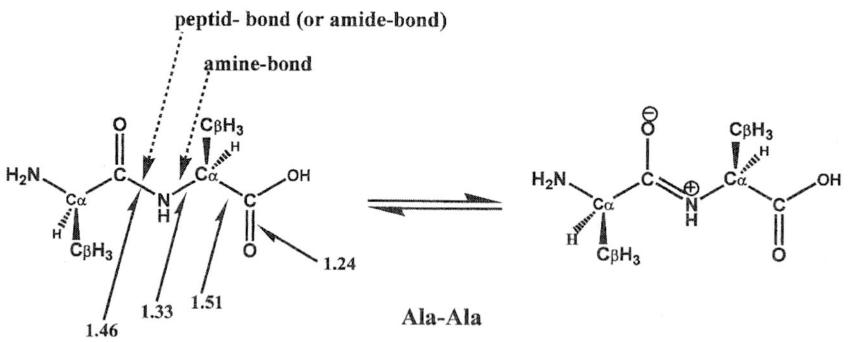

그림 7-1 Alanylalanine에 있어 원자간 결합거리(Å)와 공명구조.

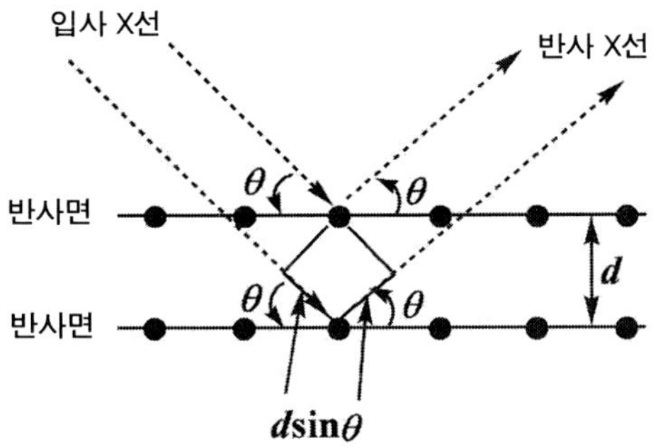

그림 7-2 브래그 반사. $2d\sin\theta = n\lambda$ (d : 반사면간격, n=1, 2, 3 ···)의 관계를 브래그 조건이라고 한다.

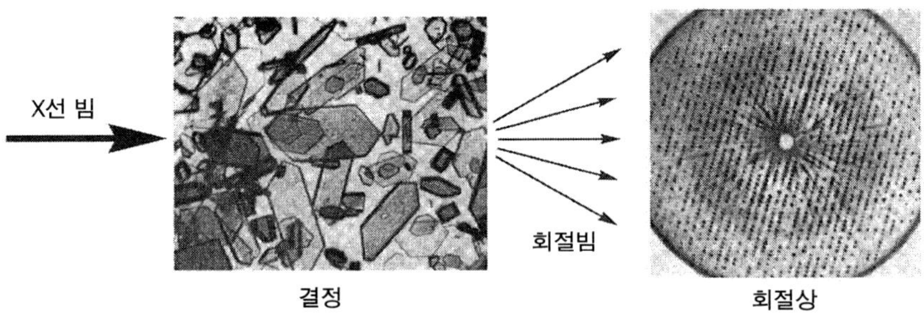

그림 7-3 미오글로빈의 단결정과 그중 하나의 단결정에서 얻은 X선회절상 (Kendrew : 생명의 실 (1968) 사진 16과 17에서 전재).

그(Bragg)법칙을 충족시키는 반사선은 간섭효과에 의해 강도를 향상시킨다(그림 7-2). 이것이 회절선으로 관찰되는 회절상이다(그림 7-3). 뚜렷하게 회절 강도가 높은 회절선을 얻기 위해서는 단백질 분자가 규칙 있게 정렬되어 용매분자 등을 포함하지 않은 결정을 만들 필요가 있다. 입사(入射) X선이 단백질 중의 각 원자에서 산란되고 간섭효과에 의해 강도를 높인 회절선의 회절상은 결정구조인자 F(원자배치를 반영하는 양)로 표현된다. 여기서 원자 중의 전자의 존재 확률을 전자밀도분포 ρ(xyz)로 표현하면 F는 ρ(xyz)의 푸리에 변환(fourier transform)의 관계에 있다. 실험에서 X선 회절강도에 해당하는 결정구조인자 F를 구해 위와는 반대로 F를 역으로 푸리에 변환하면 전자밀도분포 ρ(xyz)가 구해진다. 실제로 전자밀도분포를 얻기 위해서는 회절선의 회절상 외에 회절선의 위상(位相)정보가 필요하다. 위상정보를 얻기 위한 몇 가지 방법이 개발되어 있지만 여기서는 언급하지

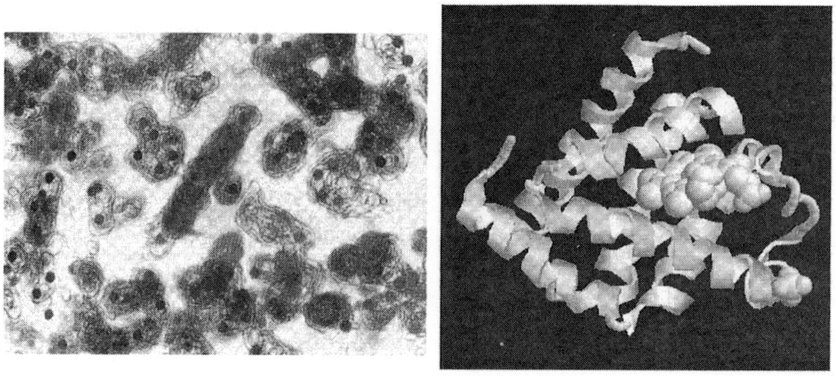

그림 7-4 좌측 그림은 X선 회절상과 위상정보에서 계산된 미오글로빈의 전자밀도그림(Kendrew : 생명의 실(1968) 사진 21 전재). 우측 그림은 전자밀도그림에 근거하여 조립된 미오글로빈의 입체구조 (Protein Data Bank, ID:1AZY) 좌·우 그림은 대응하지 않음.

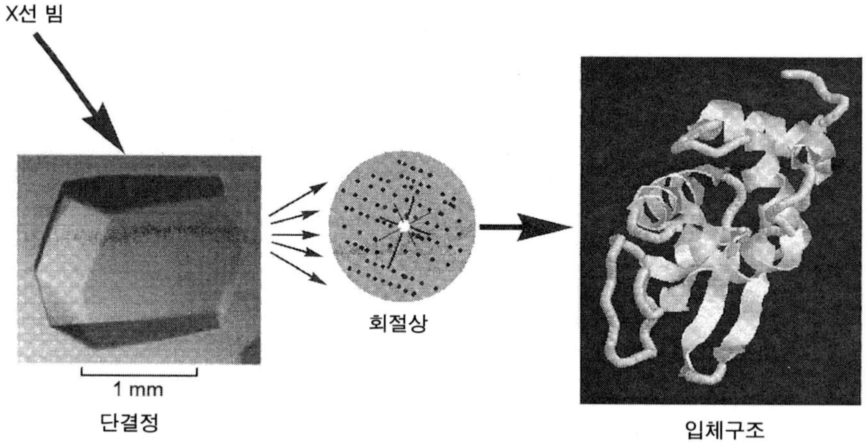

그림 7-5 리소자임의 단결정과 입체구조 (Protein Data Bank, ID:1HEL) 회절상의 영상.

않았다.

X선 결정구조해석에 의한 단백질의 입체구조 결정은 미오글로빈에 이어 헤모글로빈, 그리고 다음 효소로 리소자임의 결정이 밝혀졌다(그림 7-5).

7.2 핵자기 공명법 -용액 중에서의 구조-

핵자기 공명(nuclear magnetic resonance, NMR)은 10T(테스라) 정도의 강력한 자기장 중에 분자가 놓여 있을 때 분자를 구성하는 원자핵이 외부에서 전자파(수십~수백MHz)를 흡수할 때 일어나는 현상이다. 즉 수소동위체(^{1}H), 탄소동위체(^{13}C), 질소동위체(^{15}N) 등의 원자핵이 외부에서 전자파를 흡수할 때, 공명 주파수가 각 원자핵을 둘러싼 전자의 상태에 따라 아주 조금씩 다르다는 것을 이용한 방법이다. NMR을 사용하면 공명주파수의 차이를 나타내는 고유의 **화학** shift 값을 이용하고, 관능기의 존재와 원자 수의 정량평가가 가능하게 된다. 또한 몇 개의 공유결합을 사이에 두고 존재하는 원자 간의 상호작용을 추적하여 화학 구조를 조립할 수 있다. 원자간 간격이 수Å 정도로 근접해 존재하는 원자들이라면 다른 원자핵에서도 그 근접 상호작용을 이용하여 원자 간의 거리와 입체배치의 정보가 얻어진다. 이런 원자간 상호작용을 이용하여 단백질의 입체구조를 결정할 수 있다.

7. 2. 1 단백질의 NMR 구조해석 역사

핵자기 공명현상은 1945년에 퓨셀(Purcell)(1912~)과 블로크(Bloch)(1905~1983)에 의해 독립적으로 발견되었다. 이 발견에 의해 그들은 1952년에 노벨 물리학상을 수상하였다. 1957년에는 산다 등이 최초의 단백질인 리보뉴클레아제A(상대분자질량 M_r 13690)의 NMR 신호를 관찰 했지만 아직 구조 해석을 할 수 있을 정도로 고성능의 장치는 아니었다. 1966년에는 에른스트(1933~)가 푸리에 변환 NMR법을 개발하고 1976년에는 펄스푸리에 변환법을 이용한 2차원 NMR 측정법을 개발하였다. 그는 이 공적에 의해 1991년에 노벨 화학상을 수상하였다. 1986년에는 뷔트리히(1938~) 등이 처음으로 단백질의 입체구조를 NMR로 결정하고 그 공적에 의해 2002년도 노벨 화학상을 수상하였다.

7. 2. 2 NMR의 원리

(a) 원자핵의 스핀과 작은 자석

NMR은 원자핵의 자전(스핀)과 자기장의 상호작용하는 성질을 이용하고 있다. 원자는 양자(proton)와 중성자로 된 원자핵과, 양자의 양전하를 제거하듯이

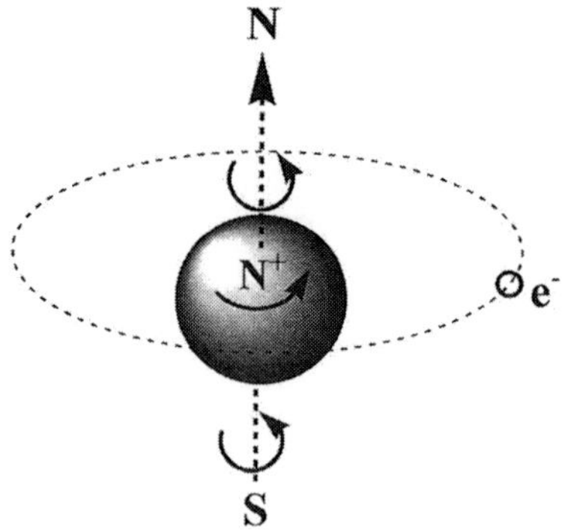

그림 7-6 원자핵 N^+의 스핀. NS극을 가진 작은 자석의 형태로 움직인다.

원자핵의 주위에 존재하는 전자로 구성된다. 원자핵은 자전에 따른 핵스핀각운동량 p에 대해 그 자전은 양자화 된 핵스핀양자수 I로 표현된다. 각 스핀 양자수는 핵 종류에 따라 다르고 0, 정수 또는 반정수의 값을 가진다. 핵스핀각운동량 p는 다음 관계식으로 나타내고 I가 0인 원자핵은 NMR현상을 일으키지 않는다.

$$p=(h/2\pi)(I(I+1)^{1/2} \quad (I=0,\ 1/2,\ 1,\ 3/2,\ 2,\ 5/2) \tag{7.1}$$

예를 들어 원자핵 ^4He, ^{12}C, ^{16}O는 핵 스핀 양자수가 0 이므로 NMR의 대상이 되지 않는다. 또 양전하를 갖는 핵의 자전은 roof 전류로 간주하기 때문에 그 주위에는 자기장이 발생하고 핵은 N과 S극을 가진 작은 자석과 같이 움직인다(그림 7-6). 이 자석의 강도를 핵자기 모멘트 μ라고 하고 자기 회전비 γ를 사용하여 다음과 같이 나타낸다.

$$\mu=\gamma p \tag{7.2}$$

실제의 NMR현상은 이 핵자기 모멘트를 통해 표현하지만 γ값은 양과 음 어느 쪽의 값도 가질 수 있고 핵의 고유한 정수로서 실험적으로 구해지는 매개변수이다.

(b) 핵자기공명 현상

여기서는 NMR의 두가지 기본식을 얻을 수 있다. 원자핵을 자기장강도 B_0의 자기장 안에 두면, 고전적인 코마(coma)운동과 닮은 세차(歲差)운동이 생긴다(그림 7-7). 동시에 방향을 가진(통상은 z축) 자기장과 방향을 가진 핵과의 상호작용에 의해 핵은 몇 가지 방향을 향하게 된다(7.3 참고). 그 방향의 수는 스핀 양자수

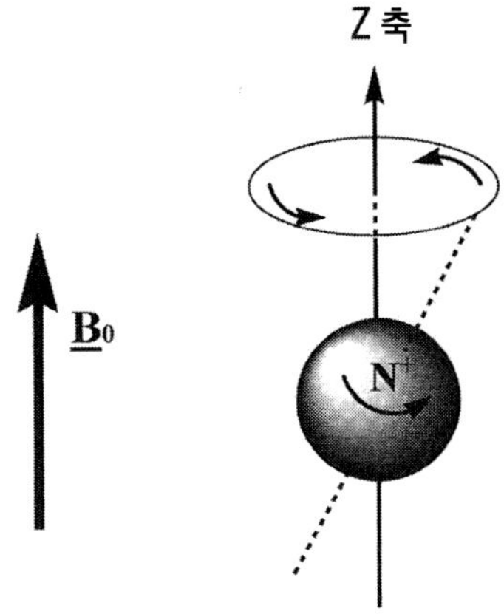

그림 7-7 원자핵 N^+의 세차운동. 작은 자석인 핵이 자기장 안에 놓이면 에너지 준위가 다른 스핀상태(세차운동으로 표현)가 나타난다.

I를 사용하여 $(2I+1)$처럼 표현한다. 이것은 스핀 상태의 수라고 하고, 원자핵을 강도 B_0의 자기장 안에 두면 z성분의 다른 스핀 상태가 $(2I+1)$개로 출현한다. 즉 각각의 스핀상태는 고유의 각(角)운동량 z성분 m을 갖게 된다. 이때의 각(角)운동량의 z성분은 스핀자기양자수 m에 의해 나타내고 스핀 양자수 I와 다음 관계에 있다.

$$m=I, I-1, I-2, \cdots, 2-I, 1-I, -I \tag{7.3}$$

이와 같이 자기장의 영향을 받아 핵의 스핀상태가 몇 가지로 나타나는 것을 스핀자기양자수의 축퇴(縮退, degeneracy)가 풀어져 $(2I+1)$개의 에너지 준위로 분열 했다고 한다. 이 분열은 제만효과(zeeman effect)라고 부른다. 이 때 나타나는 각 에너지 준위 E_m은 다음과 같이 나타낸다.

$$\begin{aligned} E_m &= -\underline{\mu} \cdot \underline{B}_0 \\ &= -\gamma \underline{p} \cdot \underline{B}_0 \\ &= -\gamma (h/2\pi) m \cdot \underline{B}_0 \end{aligned} \tag{7.4}$$

여기서 밑줄은 벡터를 나타내고 m은 식 (7.3)에서 주어진 스핀자기양자수이다. 이것이 NMR의 기본식 중 하나이다. 자기장 안에 놓인 핵은 스핀 상태의 수와 같은 수로 분열한 에너지 준위를 갖기 때문에 각 스핀상태에서 스핀상태로의 에너지 변위의 가능성을 갖게 된다. 즉 자기장 안에 놓인 핵에 외부에서 전자파를 조사하면 어떤 특정의 주파수 ν(식 7.5 참고)에 있어서 전자파 에너지의 흡수가 일어난다. 이것을 에너지 준위 E_1에서 E_2로의 여기(excitation)라고 하고, 이때의 ν를 공명주파수라고 한다. 또 핵의 흡수된 에너지 $\triangle E$는 다음과 같이 나타낸다.

$$\triangle E = E_2 - E_1 = h\nu$$
$$= h(\gamma/2\pi)B_0 \quad (7.5)$$

여기에서 공명주파수 ν는 자기장강도 B_0에 비례하는 형태로 나타낸다.

$$\nu = (\gamma/2\pi)B_0 \quad (7.6)$$

이것이 NMR의 또 다른 기본식이다. 흡수된 에너지는 역과정에서 방출된다. 이 전자파 에너지의 흡수·방출을 핵자기 공명현상이라고 한다(그림 7.8). 핵자기 공명을 일으키는 공명주파수는 외부파장을 강도 B_0이 2.35 T(T는 자기장의 강도 즉 자속밀도(磁束密度)의 단위로 테스라라고 부른다)인 경우는 수소동위체(^{1}H)와 탄소동위체(^{13}C)의 핵에서 제각기 100MHz와 25MHz가 된다. 이들 주파수는 텔레비전 방송과 무선에 사용되는 주파수대에 있기 때문에 라디오파라고도 불리고 있다.

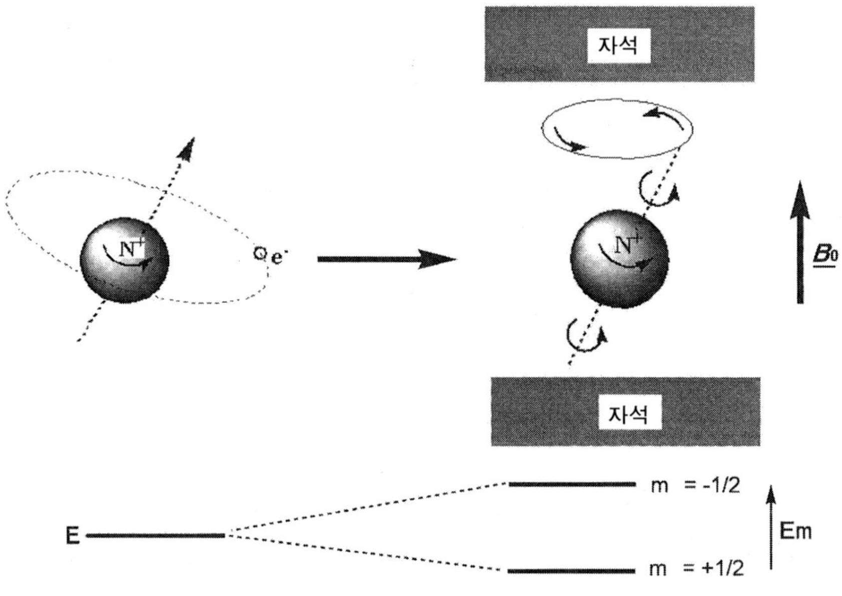

그림 7-8 외부자기장 안에서 원자핵 스핀상태의 분열과 세차운동.

(c) 공명주파수에 영향을 미치는 전자밀도와 화학적 이동

만약 외부자기장 B_0 안에 놓인 분자 모두의 수소동위체(^{1}H)가 같은 공명주파수 v를 가진다면 예를 들어, 메틸렌(CH_2)의 수소와 메틸(CH_3)의 수소를 구별할 수 없고 구조 해석에 도움이 되지 않는다. 그러나 실제로는 NMR의 공명주파수 v는 원자핵을 감싼 전자 환경의 아주 작은 차이에 영향을 받는다. 이것을 "원자핵은 전자에 의해 자기적으로 차폐(遮蔽)되어 있다"고 한다. 이때의 차폐 정도를 차폐정수 σ로 나타내면, 실제의 공명주파수 v_{real}은 앞의 NMR 기본식(7.6)을 사용해 다음과 같이 나타낸다.

$$v_{real}=(\gamma/2\pi)B_0(1-\sigma) \qquad (7.7)$$

즉 전자가 원자핵의 주위에 강하게 끌어 당겨져 있는(전자밀도가 높음) 경우는 핵이 전자에 의해 강하게 차폐되어 있다고 하고, 이 경우는 σ가 증가 하므로 공명주파수 v_{real}은 감소한다. 상기의 메틸렌(CH_2)의 수소와 메칠(CH_3)의 수소는 차폐정수가 다르고 공명주파수도 다르기 때문에 구별할 수가 있다. 이것이 NMR이 구조해석에 사용되는 근본적인 이유가 된다.

분자를 구성하는 각 원자(동위체)가 전자밀도가 다른 상태에 있을 때 각 원자에 고유의 공명주파수 v_{real}이 생긴다. 그 주파수를 나타내기 위해서는 기준 주파수 v_0와의 차 $\triangle v$를 사용한다.

$$\triangle v=v_{real}-v_0 \qquad (7.8)$$

수소동위체(^{1}H)와 탄소동위체(^{13}C)의 기준 주파수 v_0로서 tetramethylsilane (TMS)의 ^{1}H와 ^{13}C의 공명주파수를 사용하는 경우가 많다(그림 7-9). 그러나 $\triangle v$의 값은 아주 작아서 ppm(10^{-6}) 정도이기 때문에 실제로는 다음과 같이 변환되는 양, 즉 **화학** shift (δ)의 값을 사용한다.

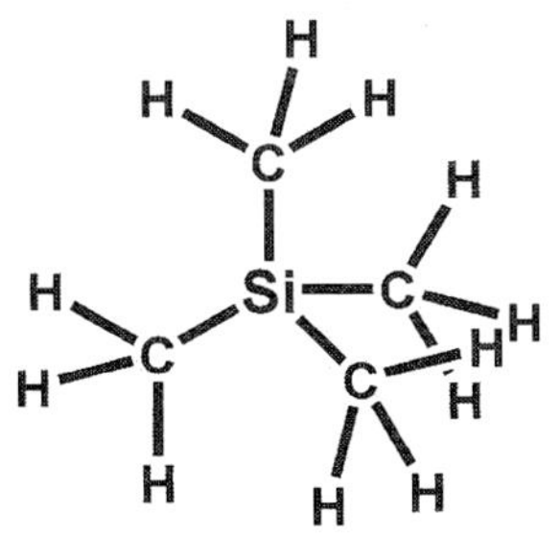

그림 7-9 NMR의 화학 shift 기준 물질로 사용되는 tetramethylsilane.

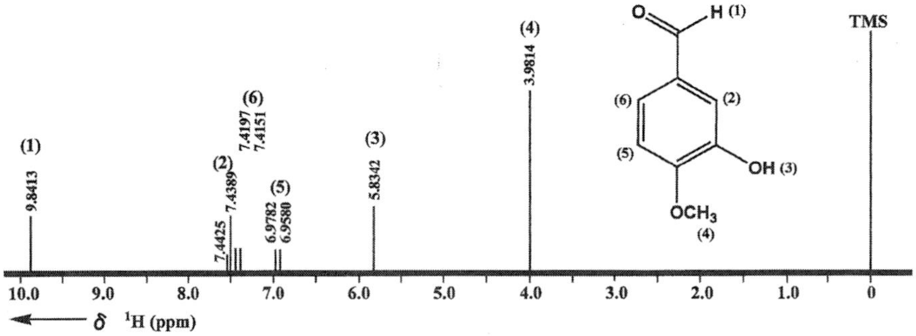

그림 7-10 중수소클로로포름($CDCl_3$) 중에서의 이소바닐린의 ^1H-NMR 스펙트럼. 용매에 중수소화물을 사용하는 것은 경수용매에서는 proton의 신호가 강하게 관측되기 때문이다. (1)번째, (3)번째, (4)번째 proton의 화학 shift 신호는 한 개의 peak를 나타내지만 벤젠환에 직접 결합해 있는 (2)번째, (5)번째, (6)번째 proton의 신호는 2개의 peak를 나타낸다. 두 개의 peak는 공유결합을 중개하고 근접한 proton 간의 상호작용(^1H, ^1H coupling)의 결과로써 나타난다. (5)번째, (6)번째의 proton 사이에서와 같이 3개의 공유결합을 중개하는 것을 vicinal coupling(^3J)라고 하고, (2)번째의 proton과 (1)번째 또는 (3)번째의 proton 사이에서와 같이 4개 이상의 공유결합을 중개하는 것을 원격커플링(^nJ)이라고 한다. 각 signal 강도는 같은 환경에 있는 수소 원자의 상대적인 수를 반영한다(武庫川女子大學藥學部·堀山志朱代 博士의 허가로 전재).

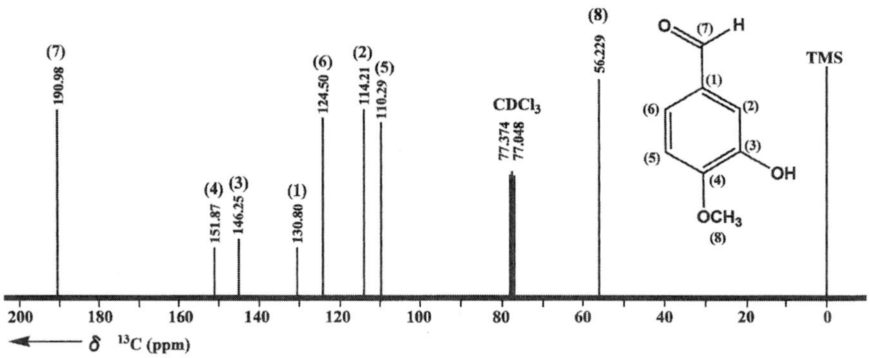

그림 7-11 중수소클로로포름($CDCl_3$) 중에서 이소바닐린의 ^{13}C-NMR spectrum. spectrum에는 각 위치에 대응하는 탄소동위체(^{13}C)의 signal이 관측되는 것 외에 용매 $CDCl_3$의 탄소동위체 ^{13}C에서 유래하는 signal도 관측된다(武庫川女子大學藥學部·堀山志朱代 博士의 허가로 전재).

$$\delta=10^6\times(\triangle\nu/\nu_0) \tag{7.9}$$

이 δ값은 ppm 단위로 표시된 값과 동일하다.

화학 shift(δ)의 값은 일반 유기 화합물의 구조연구 뿐만 아니라 단백질의 입체구조 연구에서도 가장 기본적인 NMR 정보이다. NMR에 의한 구조해석은 spectrum 상에 관찰되는 각 공명 peak의 주파수를 분자 중의 각 원자핵에 끼워 맞추는 동정작업에서 시작한다. 그림 7-10과 7-11에서는 간단한 유기화합물인 ^{1}H와 ^{13}C의 NMR spectrum의 예를 나타내었다.

7. 2. 3 단백질의 입체구조를 결정하는 순서

화학 shift δ값은 ^{1}H, ^{13}C, ^{15}N 등 핵 주위 전자 환경의 사소한 차이에서도 달라지고 0,01 ppm의 차이도 관찰된다. 그 때문에 같은 메칠렌 CH_2의 수소라도 예를 들어 [$(CH)_\alpha$-$(CH_2)_\beta$-$(CH_2)_\gamma$-$(CH_2)_\delta$-$(CH_2)_\varepsilon$-NH_2와 같은 lysine 잔기중의 $\beta, \gamma, \delta, \varepsilon$위치의 메칠렌을 서로 구별할 수 있다(그림 7-12). 즉 미리 아미노산에서 측정해 얻은 화학 shift값을 참고로 해서 단백질 중의 각 원자핵을 동정할 수 있다. 이 동정이 단백질의 입체구조를 결정하기 위한 최초의 작업이다. 그러나 단백질처럼 화학 shift값이 아주 조금씩 밖에 틀리지 않는 동종의 원자핵을 다수 포함하는 분자에서는 각 공명 peak를 분리해서 검출하기 위해서는 될 수 있는 한 자기장 강도 B_0이 강한 NMR장치를 사용할 필요가 있다(식 7.7참고). 적어도 600MHz의 자기장 강도를 가진 장치가 필요하게 된다(사진 7-1). 단백질의 NMR spectrum(그림 7-13, 좌)를 얻어 각 원자핵의 동정이 종료한 후, 다른 위치에 있는 동종 혹은 이종 원자핵 간의 상호작용 유무와 상관관계의 강도를 측정하면 핵 간의 거리 정보가

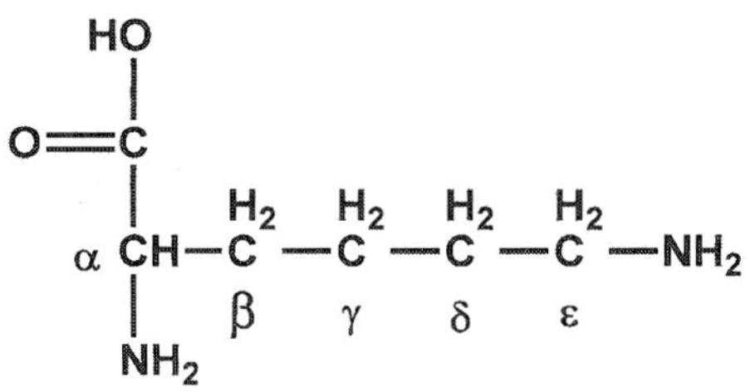

그림 7-12 Lysin의 화학구조. 펩타이드 사슬에서 튀어나온 아미노산 측쇄(그림에서는 $-CH_2-CH_2-CH_2-CH_2-NH_2$)에는 주사슬상의 탄소를 α탄소라 하고 순서대로 β, γ, δ, ε 탄소와 같이 구별한다.

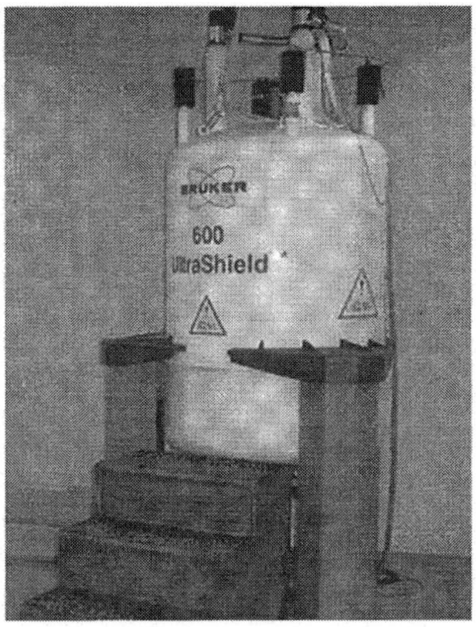

사진 7-1 600MHz의 외부자기장을 가진 초전도 NMR 장치.

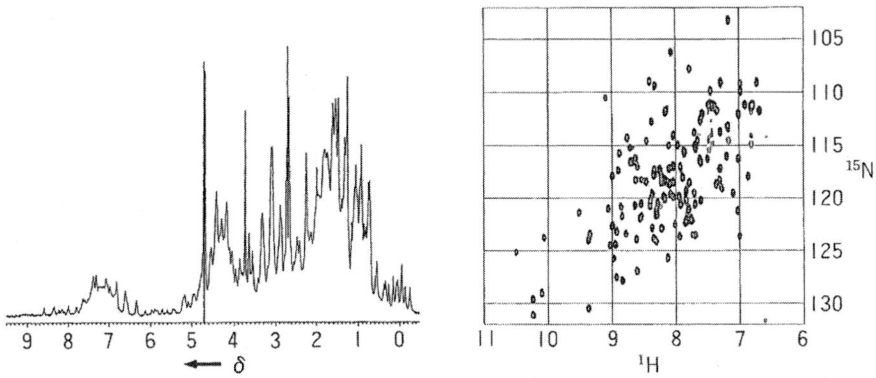

그림 7-13 NMR에 의해 단백질의 입체구조를 얻는 순서. 단백질의 ^{1}H-NMR spectrum(좌)에서 각 수소원자핵을 고정하고 핵 간의 상호작용 정보를 얻기 위해 2차원 NMR spectrum(우)를 얻는다. 이 그림은 공유결합에 의해 연결되어 있는 ^{1}H와 ^{15}N의 상호작용을 나타내고 있다(柳田 他編 : 分子生物學 (1999) p. 45, 九州大學 大學院·神田大輔博士 및 生物分子工學研究所長·森川耿右博士의 허가로 전재).

얻어진다. 두 개의 원자핵이 몇 개 정도의 공유결합으로 연결되어 있는 경우 핵 간의 상호작용을 2차원 NMR spectrum 혹은 3차원 NMR spectrum으로 얻을 수가 있다(그림 7-13, 우). 핵간 거리와 원자배치 정보를 얻는 기술에는 예를 들어 ^{1}H의 원자핵 간 단거리(통상 5Å이내)에서의 상호작용을 조사하기 위한 **핵 오버하**

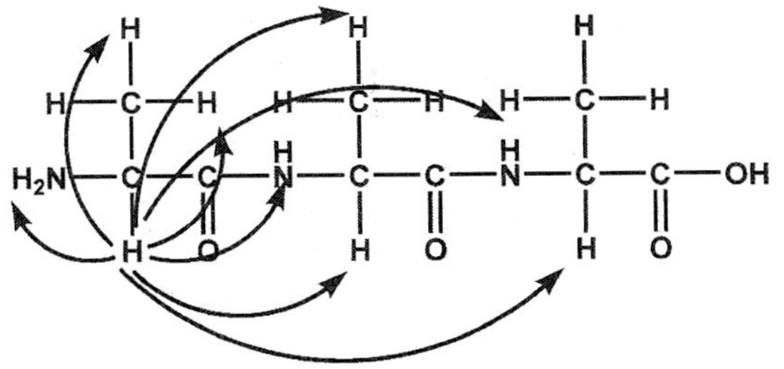

그림 7-14 펩타이드 주쇄에 있어 수소원자 핵간 상호작용.

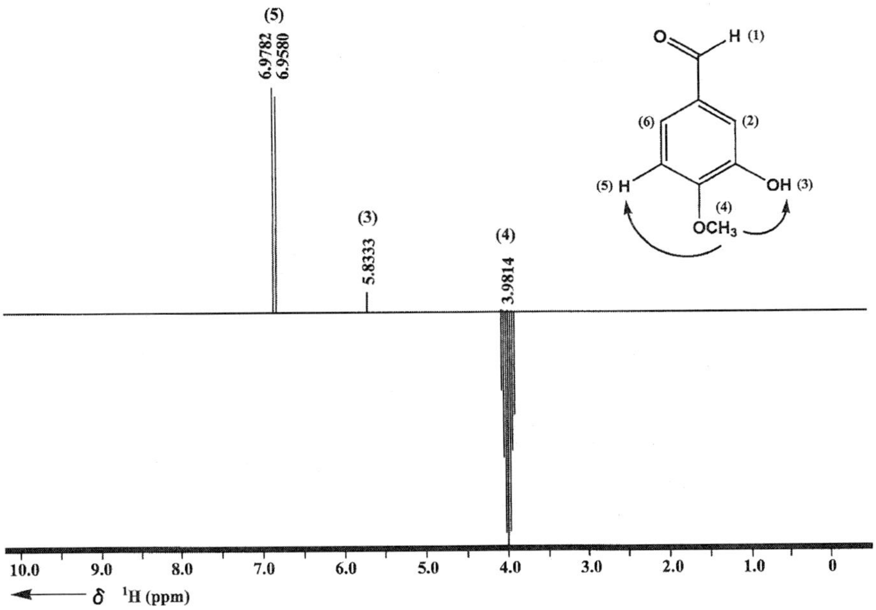

그림 7-15 이소바닐린(isovanillin)의 ^{1}H-NOE 차 스펙트럼. (4)번째의 methyl proton의 공유 주파수를 조사하면서 측정하면 근접 상호작용이 있는 (3)번째와 (5)번째의 proton 신호 강도가 아주 조금 증가되어 관측된다. 이 증가분만을 관측한 것이고 (4)번째 proton의 공명주파수를 조사하지 않고 측정한 기존 신호와의 차이를 얻고 있기 때문에 차 spectrum이라고 한다.

우저효과(Nuclear Ovehauser Effect, NOE)법이 있다. 핵 간의 쌍극자 상호작용은 핵간 거리를 r로 두면 $1/r^6$에 비례하므로 NOE에 의한 signal 강도의 변화량에서 핵간 거리를 구할 수 있다. 이 조작을 각 수소 원자핵에 대해 행하면(그림 7-14) 상호간의 거리가 구해지는 것뿐만 아니라 입체 배치도 결정할 수 있다. 그림 7-15에서는 그림 7-10에 나타낸 ^{1}H-NMR 화합물의 수소 원자핵 간의 NOE spectrum의 예를 나타내었다.

7. 3 단백질의 용액중 구조와 결정구조와의 차이점

X선 결정구조해석과 NMR에 의해 얻은 단백질의 입체구조, 즉 결정구조와 용액중의 구조는 아주 닮아 있다. 그 이유는 수백 개의 아미노산 잔기로 구성된 단백질에서는 부분적인 아미노산 서열에 특이한 접힘 구조(2차구조를 기본으로 한 도메인이라 부르는 구조단위)를 가지기 때문이다.

도메인은 한 덩어리의 영역이라는 의미로 단백질을 입체구조에 의해 분류할 때 자주 사용된다. 접힌 단백질은 공간적인 충전밀도가 높고 그 때문에 압축률도 작다. 그러나 접힘에 의해 완전히 공간을 충전하는 것은 어렵고, 충전밀도가 낮은 구멍(cavity)을 생성한다. 구멍은 다양한 형태와 크기를 가지고 **신경전달물질**과 **호르몬** 등의 작은 질량분자(ligand)를 삽입하는 수용체 단백질로서 역할을 수행한다. 또 용액 중의 단백질은 N말단 측과 C말단 측의 펩타이드 사슬이 용액 중에서 용해되어 움직이고 있어 결정구조처럼 위치가 결정되지 않은 경우도 많다. 다음 유비퀴틴의 예를 살펴보면, 결정구조(X선)는 원자 위치가 확정되어 있는 것에

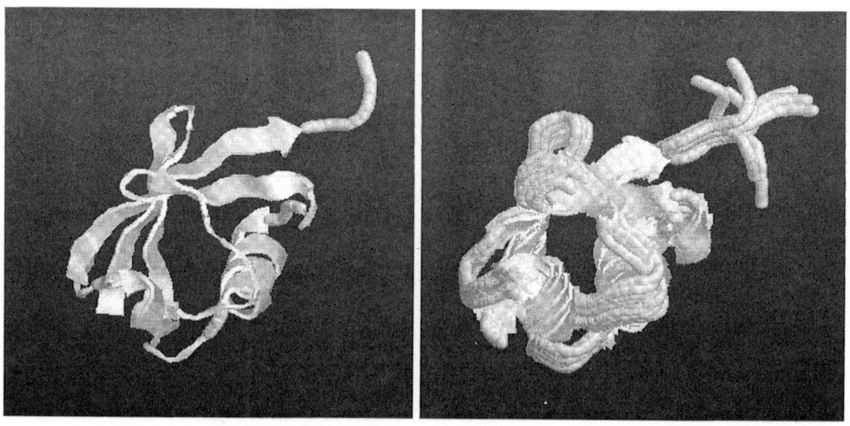

그림 7-16 유비키틴의 결정구조(좌)(Protein Data Bank ID:1UBQ)와 용액중 구조(우)((Protein Data Bank ID:1D3Z). 용액 중에서는 우측 상부에 늘어난 C말단 측의 구조가 움직이고 있다.

비해 용액 중 구조(NMR)는 움직이고 있다는 것을 알 수 있다(그림 7-16).

위에서 나타낸 유비퀴틴은 결정 또는 용액 중에서도 입체구조는 비교적 외관상 닮아 있다. 다수의 아미노산 잔기로 구성된 단백질에 있어 단위 펩타이드 사슬 $-C_\alpha$-CO-NH-C_α-의 carbonyl기[-(C=O)]와 amide기[-CONH-]의 수소원자는 **분자내 수소결합**을 형성하고 이것에 의해 2차구조(α-helix 와 β-sheet)가 형성된다. 2차구조는 자발적인 분자내 수소결합의 결과로서 형성되지만 이 자발성은 주위의 용매분자와 근접분자가 존재하지 않을 때 특히 뚜렷하다. 즉 용매와 주위 분자와의 상호작용은 단백질의 고차구조 형성을 저해하는 경우도 있다. 용매분자와 펩타이드 사슬과의 분자간 상호작용, 용매분자와 아미노산 측쇄와의 분자간 상호작용이 자발적인 2차구조의 형성을 저해하기 때문에 특히 아미노산 잔기 수가 작은 폴리펩타이드에서는 용액 중 구조와 결정구조가 크게 다른 경우가 있다. 예를 들어 29잔기로 구성된 펩타이드 호르몬인 글루카곤은 α-helix를 형성하지만 유비퀴틴과 비교하면 결정구조와 용액 중 구조가 크게 다르다(그림 7-17).

글루카곤은 분자 단독으로 자발적인 α-helix 구조를 형성하지만 주위에 별도의 글루카곤 분자와 물 용매가 있으면 상호작용에 의해 구조 형성을 저해한다. 특히 N말단의 히스티딘1을 비롯하여 세린2, 글루타민3, 트레오닌5, 트레오닌7, 세린8,

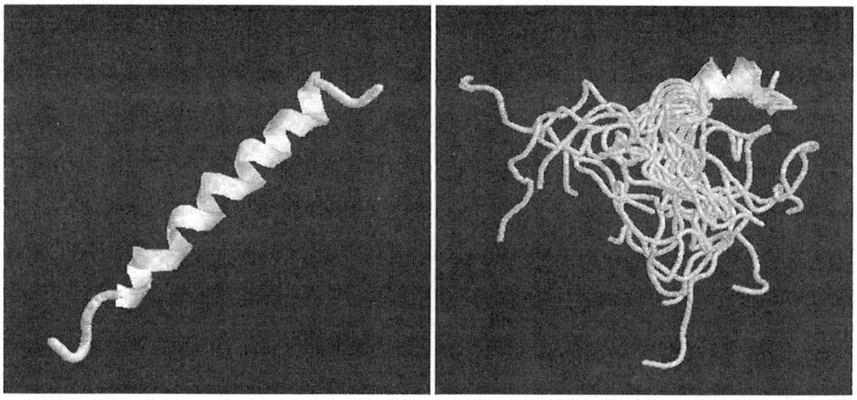

그림 7-17 글루카곤의 입체구조. 결정구조(좌) (Protein Data Bank, ID:1GCN)에서는 helix가 특징적인 N말단(좌측하부)의 히스티딘1과 C말단의 트레오닌29(우측상부)의 배치는 명확하다. 용액 중 구조(우) (Protein Data Bank, ID:1KX6)에서는 helix 함량은 극단적으로 줄어 소량만이 C말단에 남고, N말단 측의 구조가 크게 움직이고 있어 히스티딘1의 위치는 완전히 정해지지 않는다.

세린11, 세린16은 수소의 공여체와 수용체로도 작용하고(그림 7-18), 주위분자와의 **분자간 수소결합**에 의해 2차구조의 형성이 저해된다. 2차구조의 형성은 분자내 수소결합과 분자간 수소결합이 경쟁한 결과로 결정된다.

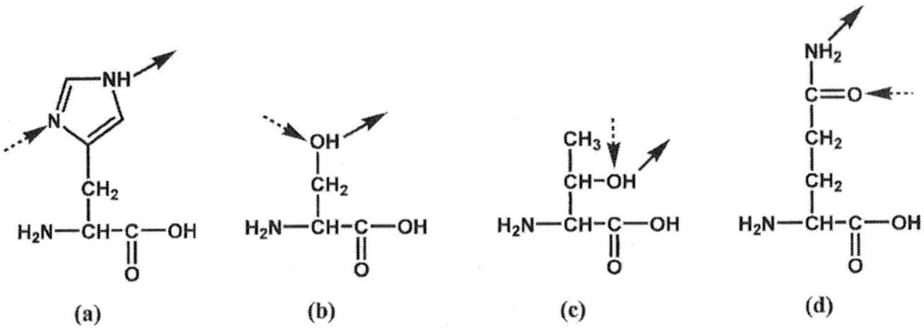

그림 7-18 염기성 아미노산. (a) 히스티딘 및 중성아미노산, (b) 세린, (c) 트레오닌, (d) 글루타민에 있어 수소공여부위(실선화살표)와 수소수용부위(점선화살표).

제8장

인터넷에 의한 단백질의 형태 관찰

단백질의 구조, 특히 3차구조라 불리는 입체구조를 직관적·시각적으로 이해하는 방법은 인터넷을 사용해 직접적으로 그 형태를 보는 것이다. 단순한 입체구조 뿐만 아니라 컴퓨터 화면상의 여러 방향에서 관찰할 수 있고, 호르몬 등 ligand의 결합위치와 부과되어 있는 물 분자의 위치를 정확하게 볼 수 있다. 여기서는 Protein Data Bank에 접속하여 단백질의 구조정보를 얻는 방법에 대하여 알아보자.

8.1 홈페이지에 접속한다.

단백질의 형태와 구조를 알기 위해서는 컴퓨터를 사용하여 인터넷에서 단백질 데이터 뱅크(Protein Data Bank, PDB)에 접속하면 된다. PDB는 미국의 국립연구소에 집적되어 있는 생체 고분자의 입체구조 database이다. PDB의 홈페이지에는 다음의 웹사이트 http://www.rcsb.org/pdb/로 누구든지 자유롭게 접속할 수 있다. 또한 일본 단백질구조 databank(Protein Data Bank Japan)의 웹사이트 http: www.pdbj.org/에서도 접속이 가능하다. 여기에는 X선 결정구조해석과 MRI에 의해 얻어진 입체구조 뿐만 아니라 1차구조와 2차구조 정보 등도 기재되어 있다. 수용체에는 ligand의 배치까지 표시하고 금속원자 복합체에서는 금속의 배치도 자세하게 표시되어 있다. 또 단백질의 기능발현에 중요한 역학을 하고 있는 물 분자의 위치정보도 표시되어 구조와 기능과의 관계를 시각적으로 이해하기 쉽다.

PDB의 홈페이지에 접속하면 그림 8-1처럼 표시되어 있고, 알고자 하는 단백질의 정보(등록코드 PDB ID 또는 단백질명)를 입력하면 된다(그림 8-1). 등록코드(PDB ID)는 단백질마다 할당되어 있는 숫자와 알파벳의 조합(예, 1BG2 등)으로 검색 전에는 불명확한 것도 많다. PDB ID가 불명확한 경우 단백질명을 입력하면 된다. 여기에 필요 사항을 입력하고 search를 클릭하면 관련된 단백질의 검색결과가 표시된다(그림 8-2). 예를 들면, 그림 8-1에서는 근육단백질인 미오신(myosin)을 입력하였다.

그림 8-1 단백질 데이터 뱅크(PDB)의 홈페이지(Protein Data Bank에서 전재). 여기에 희망하는 단백질의 정보를 입력한다.

8.2 검색 결과에서 필요한 단백질 데이터를 선택한다.

희망하는 단백질의 검색 결과(그림 8-2에서는 미오신)에는 일반적으로 조금씩 정보가 다른 많은 단백질 data가 표시되어 있다. 각 데이터에는 그 단백질의 등록 코드(예, 1B7T, 1BG2 등), 등록일, 구조해석에 사용한 방법이 X선 결정해석인가 또는 NMR인가, X선이면 분해능의 값, 단백질의 명칭 등의 정보, 특정 아미노산을 별도의 아미노산으로 치환한 재조합 정보가 기록되어 있다. 검색자는 그 중에서 필요한 단백질 데이터를 선택하고(그림에서 최상단의 1B7T), Explore의 부분을 클릭하면 그 단백질의 관한 종합정보 메뉴가 표시된다(그림 8-3).

8.3 종합정보 메뉴

종합정보 메뉴(Summary Information)에는 등록자와 등록일 등의 정보가 기재되어 있다(그림 8-3). 이 중에서 단백질의 구조를 보기 위해서 사용하는 메뉴는

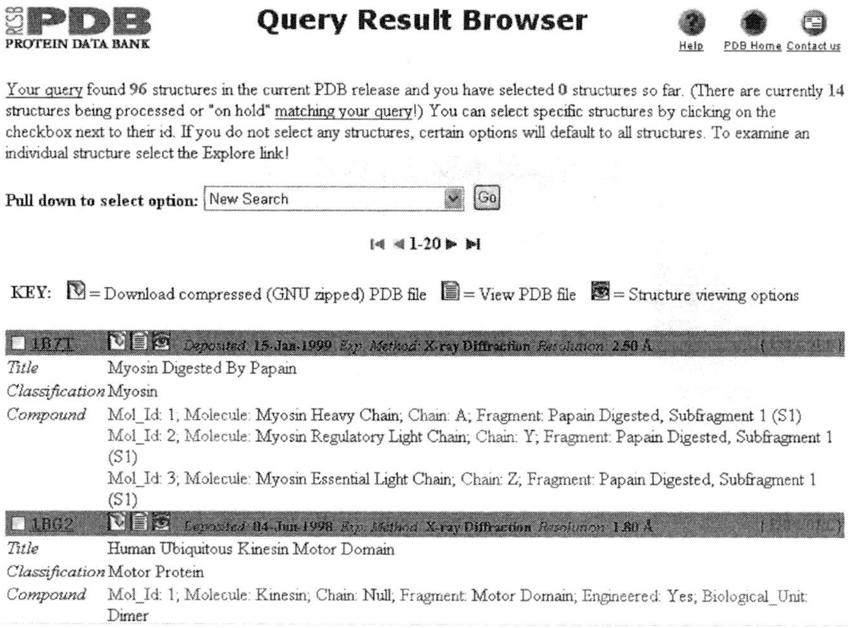

그림 8-2 표시된 단백질 데이터(Protein Data Bank에서 전재).

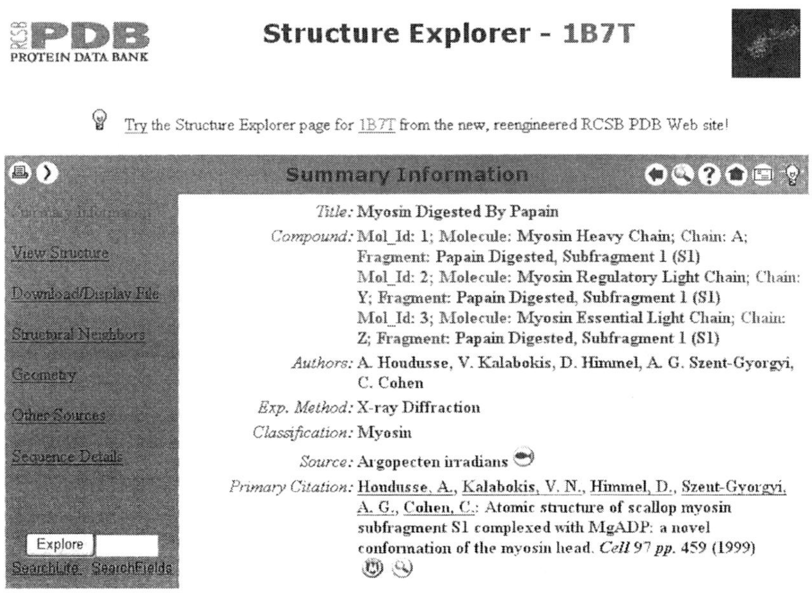

그림 8-3 선택된 단백질 데이터의 종합정보메뉴(Protein Data Bank에서 전재, ID:1B7T).

View Structure(입체구조를 봄)와 Sequence Details(1차구조와 2차구조 정보를 봄)이다. 특히 View Structure는 단백질의 형태를 보거나 구조와 기능의 관계를 직관적으로 이해하기 위해 반드시 필요한 메뉴이다.

8. 4 입체구조를 본다.

우선 간단하게 입체구조를 표시하기 위해서는 종합정보 메뉴의 우측 상부의 구석에 있는 삽화를 클릭 하던가 view structure를 클릭한다. 표시된 화면을 밑 부분에 있는 Still Images(그림 8-4)의 Ribbons 또는 Cylinders를 클릭하면 입체구조가 표시된다(그림 8-5는 Ribbons 500×500을 클릭한 결과). 그러나 이 방법에서 아미노산의 위치와 Ligand의 위치를 동정하거나 컴퓨터의 마우스를 사용해 입체배치를 회전 시켜서 확대하거나 입체구조의 자세한 정보를 얻기 위한 조작은 할 수 없다.

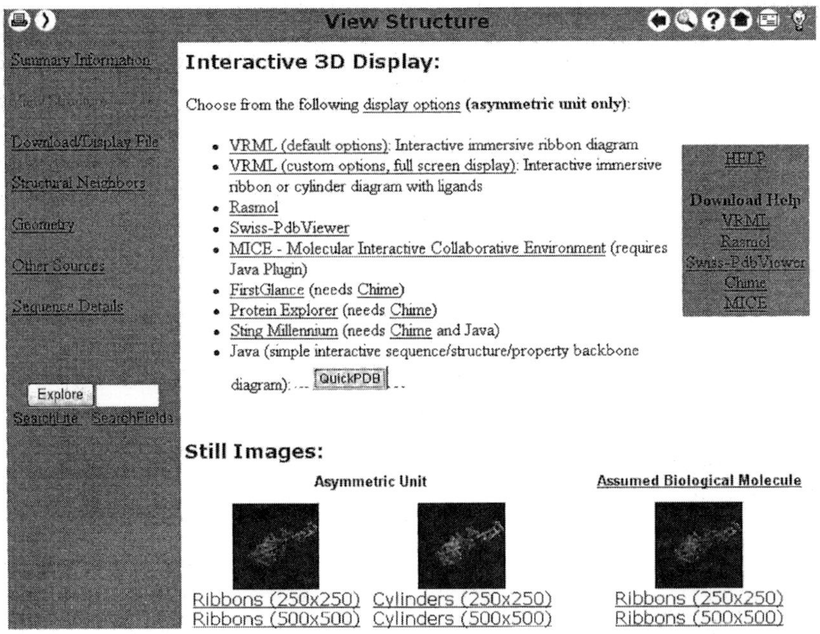

그림 8-4 View Structure의 Still Images(Protein Data Bank에서 전재, ID:1B7T).

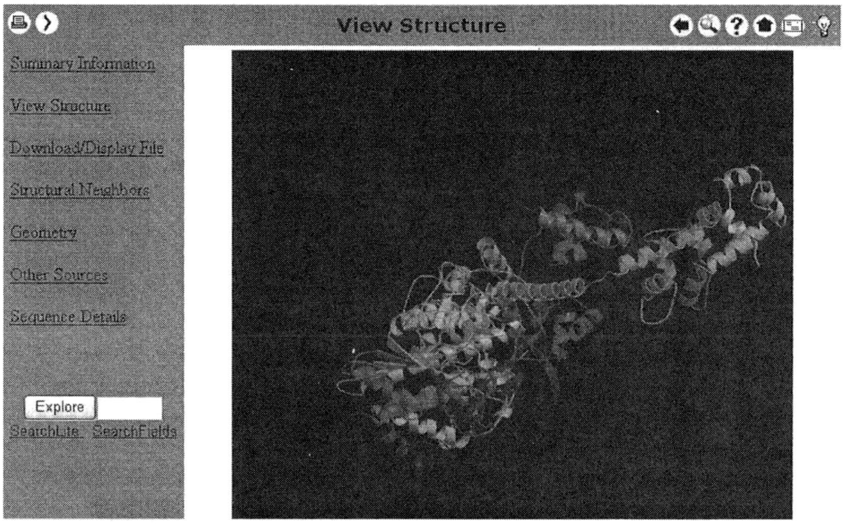

그림 8-5 Still Image에 의한 입체구조 표시(Protein Data Bank에서 전재, ID:1B7T).

자세한 입체구조 정보를 얻기 위해서는 필요한 화상처리 소프트를 다운로드 받을 필요가 있다. 예를 들면 View Structure 메뉴(그림 8-4)의 중앙 우측에 있는 Download Help에서 화상처리 Soft Chime를 클릭해 Download 한다. 그러면 화면상의 입체구조 표시메뉴에서 First Glance, Protein Explore, Sting Millennium을 사용해 입체구조를 표시 할 수 있을 뿐만 아니라 단백질의 표시 디자인과 색을 바꾸거나 disulfide(S-S)결합을 표시할 수도 있다. 특히 First Glance를 사용하면 입체구조 뿐만 아니라 Heme 정보, 결정수(結晶水)의 위치 등도 볼 수 있다(그림 8-6). 이들의 표시 디자인 등을 변경하기 위해서는 컴퓨터 마우스의 화살표를 입체구조 화면의 적당한 위치에 두고 마우스의 오른쪽을 클릭하면 된다. 또 화면 중앙에 있는 메뉴 ligands의 on 또는 off의 버튼을 클릭하면 이 단백질에 결합해 있는 소분자의 위치가 표시되거나 소실되거나 한다. 결정수의 위치 정보를 얻기 위해서는 Water를 on 또는 off하면 된다. 또 Background에서 배경을 어둡게 하거나 Spin에서 입체구조 화면을 회전시킬 수도 있다. 또한 입체구조의 적당한 위치에 마우스의 화살표를 맞추면 N말단에서 몇 번째 아미노산인지가 표시된다. 이것은 매우 편리한 기능으로 호르몬과 금속이 포함되어 있을 때 몇 번째의 아미노산과 상호작용하고 있는가를 즉시 알 수 있다.

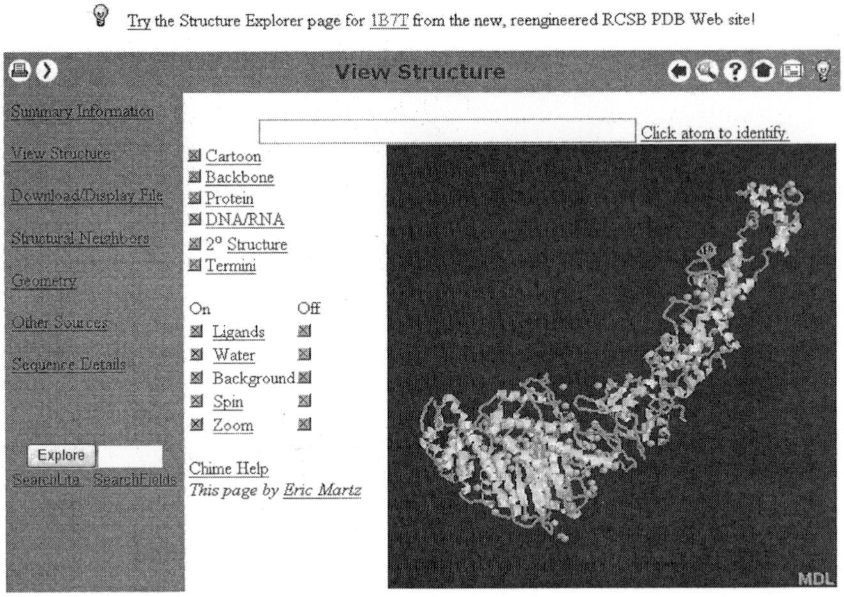

그림 8-6 First Glance에 의한 입체구조 표시 (Protein Data Bank에서 전재, ID:1B7T). 이 표시에서 화면중앙에 있는 On과 Off의 기능을 사용하여 그림의 회전과 확대 등의 조작이 가능함.

입체구조의 표시 다음으로 자주 사용하는 기능은 1차구조와 2차구조의 정보이다. 이들 정보는 좌측 메뉴의 Sequence Details를 클릭해서 표시할 수 있다.

8.5 1차구조와 2차구조의 정보를 본다.

종합정보메뉴의 Sequence Details를 클릭하면 선택한 단백질의 아미노산 서열과 2차구조 정보가 표시된다(그림 8-7). 동시에 이 화면에는 상대분자질량, 아미노산 잔기의 수, α-helix의 수와 함유율 및 β-sheet의 수와 함유율 등의 정보도 표시된다. 아미노산 서열은 N 말단에서 문자표기로 표시되고 그 하단에 2차구조를 나타내는 기호(G, T, S, E, B, H, I)가 문자표기로 표시된다.

2차구조를 나타내는 문자표기 기호의 의미는 다음과 같다.

H : α-helix, G : 3_{10} helix, I : π-helix, E : β-strand, T : 수소결합 turn, S : bend, B : 고립잔기

Chain 1B7T:A

Compound	**Myosin Heavy Chain**		
Type	**Protein**		
Molecular Weight	**95179**		
Number of Residues	**835**		
Number of Alpha	**31**	Content of Alpha	**39.64**
Number of Beta	**22**	Content of Beta	**11.98**

Sequence and secondary structure

```
   1 MNIDFSDPDF QYLAVDRKKL MKEQTAAFDG KKNCWVPDEK EGFASAEIQS
            GGG TTTS                T TTEEEEE SS SSEEEEEE B

  51 SKGDEITVKI VADSSTRTVK KDDIQSMNPP KFEKLEDMAN MTYLNEASVL
       TTEEEEEE TTT  EEEEE GGGEE    G GGTT SBGGG SS  SHHHHH

 101 YNLRSRYTSG LIYTYSGLFC IAVNPYRRLP IYTDSVIAKY RGKRKTEIPP
     HHHHHHTTT    EEEETTEE EEE  SS  T TSSHHHHHHH TTTTTTTS

 151 HLFSVADNAY QNMVTDRENQ SCLITGESGA GKTENTKKVI MYLAKVACAV
      HHHHHHHHH HHHHHTTSEE EEEEE STTS SHHHHHHHHH HHHHHHS

 201 KKKDEEASDK KEGSLEDQII QANPVLEAYG NAKTTRNNNS SRFGKFIRIH
                    HHHHHH HHHHHHHHHH EE  SS TTE E SEEEEEEE

 251 FGPTGKIAGA DIETYLLEKS RVTYQQSAER NYHIFYQICS NAIPELNDVM
     E TTSSB  E EEEEE   GG GTT   TT   SBHHHHHTTT TTTHHHHHHH
```

그림 8-7 아미노산 서열과 2차구조 정보(Protein Data Bank 에서 전재, ID:1B7T).

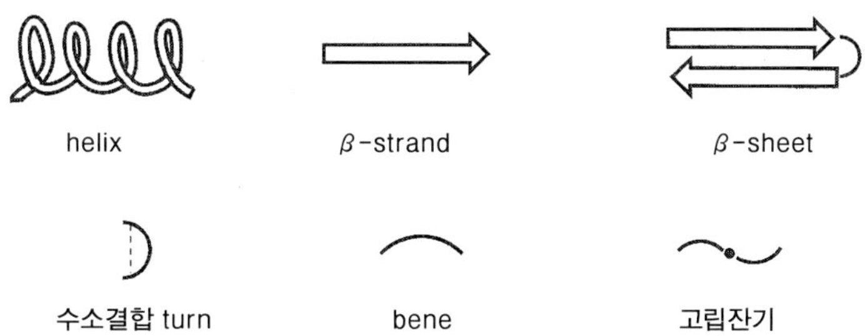

그림 8-8 2차구조 구획의 표현법.

여기에서 helix가 3종류 있는 것은, 펩타이드 사슬이 나선상으로 회전하면서 helix를 형성할 때, 1회전마다 아미노산 잔기수가 다른 helix 구조가 있기 때문이다. 자세한 것은 제 12장에서 나타내지만 α-helix는 3.6_{13} helix라고 한다. 이것의 의미는 1 회전마다 3.6 잔기의 아미노산이 존재하고 helix를 형성할 때에 생기는 분자내 수소결합의 환을 구성하는 원자의 수가 13개 있는 것을 나타내고 있다. π helix

는 3_{14} helix가 정식명칭이다. 또 2차구조를 입체적으로 나타낼 때의 간단한 표현법을 그림 8-8에 나타내었다.

제 9 장

단백질의 계층 구조

단백질이 일반 유기화합물과 다른 점은 긴 사슬의 고분자일 뿐만 아니라 그것이 접혀서 차원이 다른 계층구조를 만들어내고 있다는 것이다. 이 계층구조가 없으면 단백질은 생물에 있어 어떤 쓸모도 없는 단순한 유기화합물에 지나지 않는다. 그러나 긴 사슬의 1차원 구조가 접혀서 compact한 3차원 구조(입체구조)를 가지면 나노미터 크기의 구조체에 엔진과 같은 기능이 나타나게 된다.

9.1 단백질은 유기화합물

단백질은 살아있다는 뜻과 식육의 이미지가 강하기 때문에 썩는 것으로 되어 있다고 생각할지도 모른다. 그러나 단백질은 순수한 화학물질이다. 환경오염 물질인 다이옥신과 폴리염화비페닐(polychlorobiphenyl, PCB) 등과 같은 유기화합물이다. 시크하우스증후군(Sick House Syndrome)의 원인물질인 톨루엔(toluene)과 크실렌(xylene), 그리고 환경호르몬인 옥틸페놀(octylphenol)과 비스페놀 A(bisphenol A) 등과 같이 유기화합물 중의 하나이다. 실제로 다이옥신과 톨루엔의 부분 구조인 벤젠환은 단백질 중의 페닐알라닌에 포함되어 있고 환경호르몬인 페놀도 단백질 중의 티로신에 포함되어 있다(그림 9-1).

순수한 화학자의 눈에서 보면 다이옥신, 톨루엔, 옥틸페놀, 단백질, 그리고 DNA마저도 단순한 유기화합물에 지나지 않는다. 단순하게 말하면 그 차이점은 크기가 크거나 작을 뿐이다. 어떤 유기화합물은 탄소, 수소, 산소, 질소 등의 공통의 원자로 되어 있고, 그 수와 조합이 다를 뿐이다. 이런 작은 부품의 조립이 생물의 다양성을 발생시키고 있는 원인이고, 화학구조의 다른점도 인간에 있어 약과 독이라는 큰 차이점이 되어 나타난다. 또한 거대분자인 단백질에는 벤젠과 페놀 등의 작은 분자와 다른 특유의 계층구조가 있다. 이 계층구조를 이해하는 것이 단백질과 다른 유기화합물과의 차이점을 이해하는 지름길이 된다.

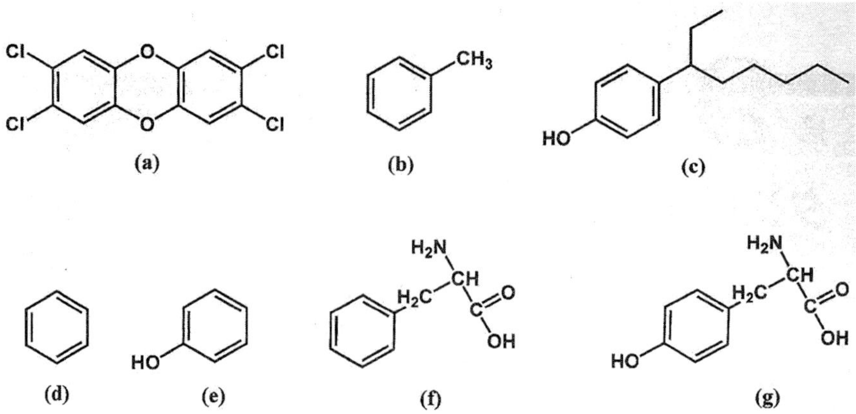

그림 9-1 단백질은 화학물질. (a) 다이옥신, (b) 톨루엔, (c) 옥틸페놀, (d) 벤젠, (e) 페놀, (f) 페닐알라닌, (g) 티로신.

9.2 단백질의 계층구조

단백질에는 1차구조, 2차구조, 3차구조, 4차구조로 불리는 계층구조가 있고 4차구조가 가장 높은 계층이다. 상위 계층에 있는 구조는 하위 계층을 기초로 되어 있다. 즉 4차구조에는 1차에서 3차까지의 모든 구조가 기여하고, 3차구조에는 1차구조와 2차구조가 기여하며, 2차구조에는 1차구조가 기여하고 있다(그림 9-2). 1차구조를 만들고 있는 것은 아미노산이고 모든 계층구조의 기본이 되고 있다.

단백질의 4차구조는 각각의 단백질끼리 소수성결합, 수소결합 등의 비공유

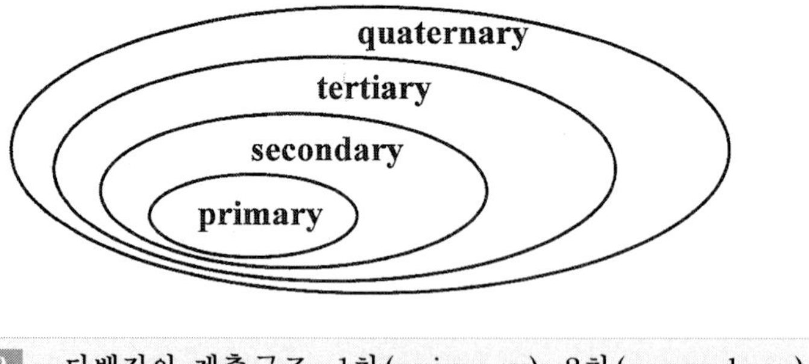

그림 9-2 단백질의 계층구조. 1차(primary), 2차(secondary), 3차(tertiary), 4차(quaternary) 구조는 순서대로 계층을 만들고 있다.

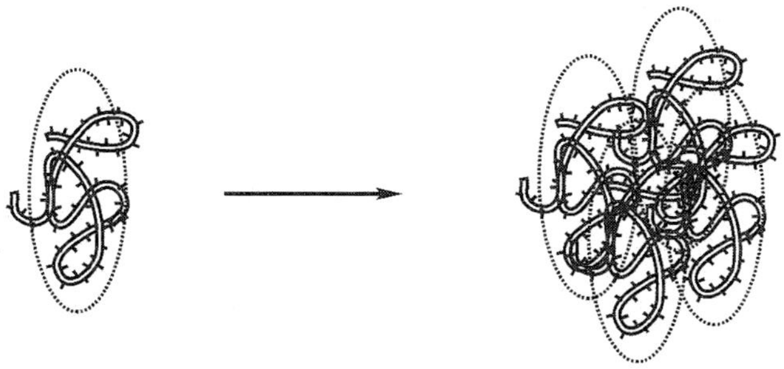

그림 9-3 3차(입체)구조를 갖는 단백질(좌)이 모여 4차구조(우)를 만든다.

결합 등으로 연결되어 복합체의 입체구조가 만들어진다. 이온펌프와 근육수축에 관여하는 단백질의 대부분이 4차구조를 형성하여 기능을 발휘하고 있다(그림 9-3).

단백질의 3차구조는 한 단백질의 입체구조이고, 모든 원자는 공유결합으로 연결되어 있다. 단백질의 3차구조에는 정리된 덩어리(domain)가 몇 개 모여서 된 것도 있고 이 경우 각 도메인 간은 공유결합으로 연결되어 있다(그림 9-4). 또한 단백질의 3차구조는 작은 Domain인 2차구조가 접혀서 된 입체구조라고 할 수 있다.

단백질의 2차구조는 단백질의 입체구조에 직접 영향을 주기 때문에 계층구조 중에서 가장 중요한 위치를 차지하고 있다. 2차구조는 사슬과 같은 1차구조가 합쳐지거나 굽어지거나 해서 만들어진다. 합쳐진 부분과 굽은 부분은 관절과 같이 자유롭게 움직이는 부분에 의해 접합되어 있고, 각각의 부분에는 2차구조 특유의 명칭이 붙여져 있다(제 8장, 8.5절 참고). 여러 가지 형태의 2차구조가 생기는 원인은 1차구조를 만들고 있는 펩타이드 사슬간의 **분자간 수소결합**에 있다

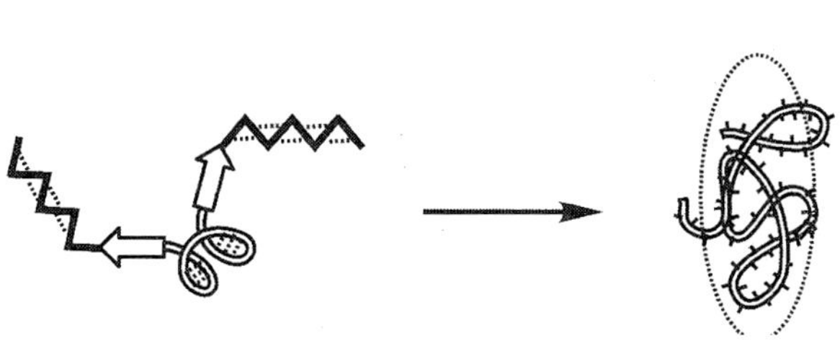

그림 9-4 단백질의 3차구조(우)는 2차구조(좌)가 접혀서 만들어진다.

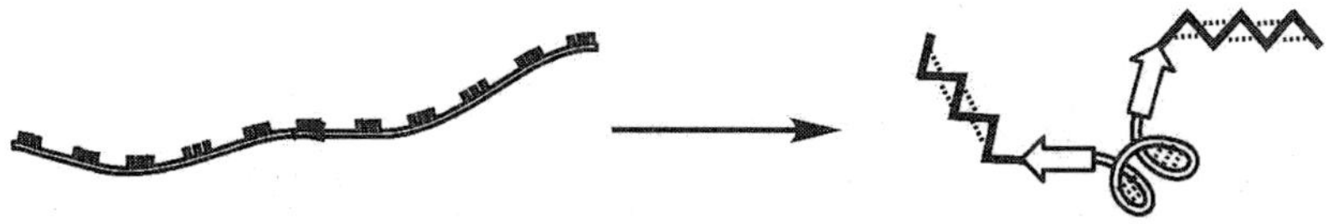

그림 9-5 단백질의 2차구조(우)는 끈처럼 1차구조(좌)의 분자내 수소결합에 의해 만들어진다.

(그림 9-5).

단백질의 1차구조는 **아미노산**이 사슬 형태로 연결된 것이고, 이 구조의 성질은 연결되어 있는 각종 아미노산의 배열순서와 길이에 의해 특징지어 진다. 또 1차구조는 N**말단**에서 C**말단**을 향해 펩타이드 **주사슬**을 가지고 이 주사슬의 α 탄소(C_α)에서 **아미노산 측쇄**가 돌출되어 있다(아미노산 측쇄의 탄소 명칭에 대해서는 그림 7-12 참고). 아미노산 간에는 탈수반응에 의해 펩타이드 결합(아마이드 결합)이 형성되어 서로 연결되어 있다(그림 9-6).

1차구조를 구성하고 있는 아미노산은 단백질의 0차구조에 해당하고, 그 특징은 측쇄의 구조와 성질에 의해 결정된다(통상 단백질의 0차구조라고는 말하지 않는다). 아미노산 측쇄의 구조와 성질은 제각기 특정의 2차구조 형성 및 단백질의 성질에 영향을 주기 때문에 중요하다. 이것은 제 12장에서 다시 설명한다.

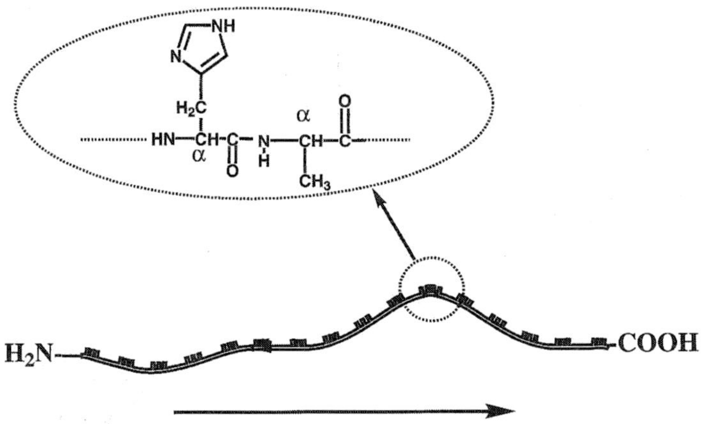

그림 9-6 단백질의 1차구조. 펩타이드 결합(C=O)-NH으로 아미노산이 연결된 주사슬을 형성한다. 주사슬은 N말단(NH_2)에서 C말단(COOH)를 향한 방향성을 가지고 주사슬상의 α탄소에서는 아미노산 측쇄가 돌출되어 있다.

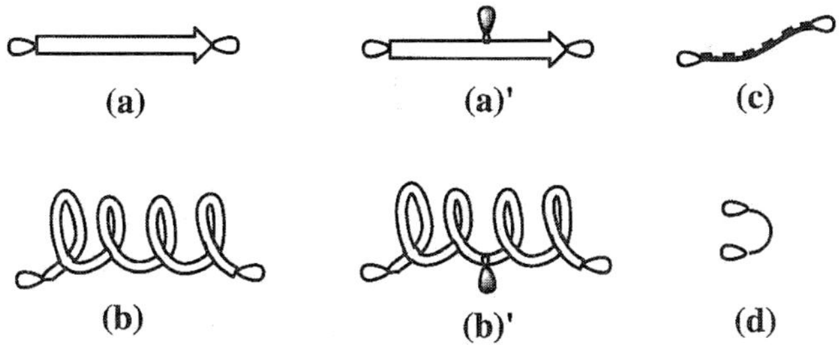

그림 9-7 단백질의 입체구조를 만들어내고 있는 2차구조의 구성재료. (a)양측에 고리가 붙은 막대자석(strand에 해당), (a)' 양측과 그 사이에 특수한 고리가 붙은 막대자석(strand에 해당), (b) 양측에 고리가 붙은 용수철(helix에 해당), (b)' 양측과 그 사이에 특수한 고리가 붙은 용수철(helix에 해당), (c) 양측에 고리가 붙은 관절(bend에 해당), (d) 양측에 고리가 붙어 굽은 관절(turn에 해당). 같은 형태의 고리만이 접합할 수 있다.

9.3 단백질의 접인 이미지와 관절구조

단백질의 입체구조가 2차구조가 접혀서 만들어진다는 것을 시각적으로 이해하는 것은 양측의 고리에 붙은 용수철과 방향성을 가진 막대자석을 생각하면 된다. 용수철과 막대자석은 그 자체는 단단한 구조를 가지고 있으므로 그것들이 부드럽고 짧은 끈과 같은 관절로 연결되어 있다고 생각하면 단백질의 접힌 구조를 상상하기 쉽다. 용수철과 막대자석 등의 재료 및 그것들을 연결하는 관절 부분에는 그림 9-7에 나타낸 것처럼 2차구조에 해당하는 부품들이 있다고 생각하면 된다(2차구조의 각 명칭은 제 8장을 참고).

그림의 재료를 사용하여 막대자석과 용수철간의 관절 재료로 연결해 보면 여러 가지 조립을 할 수 있다. 실제의 단백질과는 다르지만 일렬로 연결하여 평면으로 나열한 예를 나타내었다(그림 9-8). 이 모델을 접는다고 생각해 보자. 이때 막대자석끼리는 접합해 sheet와 같은 형태를 만들고 용수철은 막대자석과 접합하지 않고 관절부분에서 자유롭게 굽어져 움직이고 있다. 관절 부분은 자유롭게 접히지만 용수철과 막대자석은 형태가 고정되어 있으므로 자유롭게 변형할 수는 없다.

단백질은 이와 같이 자유롭게 변형하기 힘든 부분(helix와 sheet)과 자유롭게 접혀 굽어지는 부분(bend와 turn)으로 되어 있다. 실제로 굽은 예를 그림 9-9에 나

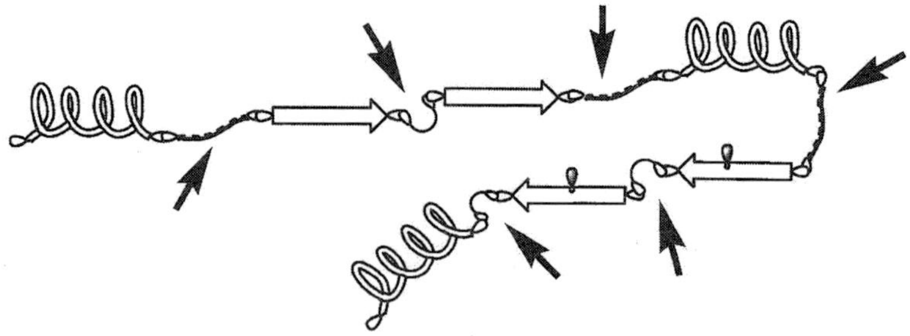

그림 9-8 2차구조 부품을 연결하여 생긴 일렬 구조. 화살표는 굽은 관절부분에서 bend와 turn에 해당.

타내었다. 간단하게 생각해 보면 관절부분에서 접혀 굽어진 입체물에는 자석과 용수철의 형태가 장해가 되어 틈이 생겨버린다. 이 틈이 작으면 물분자가 삽입되어 수소결합을 형성하고 단백질의 구조를 견고하게 하거나 탄력성을 주고, 큰 틈이라면 그곳에 약물과 호르몬 등의 화학물질이 삽입될 수 있다. 단백질의 입체구조가 만들어 내는 공간에 특정의 화학물질이 삽입되면 정보전달의 기폭제로서 기능을 수행하게 되는데 이런 단백질을 수용체라고 하고 삽입되는 화학물질을 리간드(ligand)라고 한다(그림 9-9 및 제 10장 참고).

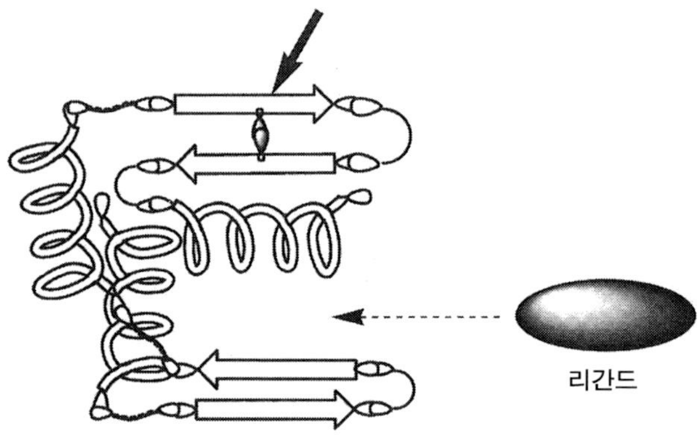

그림 9-9 2차구조가 접혀서 생긴 단백질의 입체구조 모델. 실선 화살표는 중간에 붙은 특수한 고리가 서로 결합(화살표의 주위)해서 생긴 공유결합으로 disulfide(S-S)결합에 해당. 접힌 단백질에 틈이 있으면 호르몬 등의 작은분자(ligand)가 결합.

9.4 단백질의 성질을 결정하는 아미노산

단백질의 성질을 결정하는 아미노산에 대해서 알아보자. 단백질은 3차구조와 4차구조에 따라 수반되는 기능을 가지지만 대부분은 다른 단백질과 리간드 간의 상호작용 그리고 단백질이 위치한 생체내 환경과의 상호작용에서 생겨난다. 이 상호작용의 본질은 생물적이라고 하기 보다는 물리·화학적이다. 생체내 여러 부위에서 기능을 발휘하고 있는 단백질은 위치한 환경에서 물리·화학적으로 적합하지 않으면 쓸모가 없고 또 불안정해져 분해될 가능성도 있다. 즉 뼈를 형성하는 단백질에는 콜라겐과 스폰긴, 피부, 모발, 손톱 등을 형성하는 케라틴과 엘라스틴, 근육을 형성하는 미오신과 액틴, 수용성으로 다량의 무기이온을 포함하고 생체 반응을 제어하고 있는 효소, 세포막에 녹아 외부와의 정보전달을 받는 수용체 등은 그 놓여 있는 환경에 적합해 있다. 이 적합성은 가장 계층이 낮은 위치에 있는 아미노산의 물리·화학적 성질에 의존한다. 그 이유는 단백질이 주위와 상호작용할 때에 최초로 접하는 것이 아미노산 측쇄이기 때문이다(그림 9-10)

단백질의 성질은 물리·화학적으로 친수성, 소수성, 산성, 염기성으로 분류할 수 있다. 이들 성질은 접힌 단백질을 구상으로 볼 때, 구 표면(단백질 표면)에서

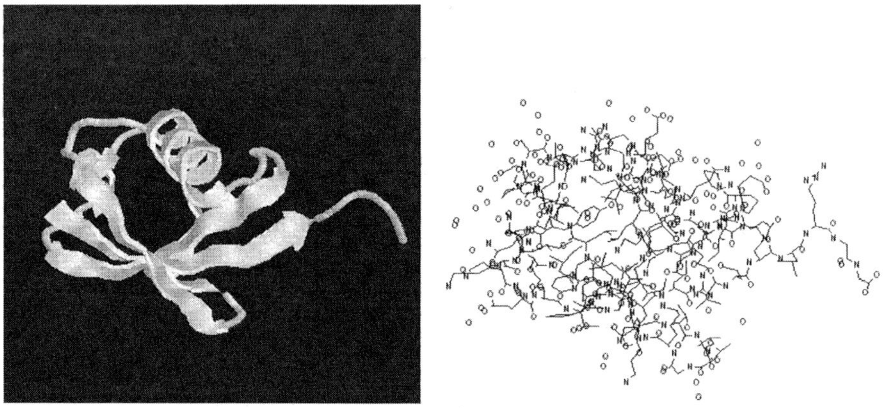

그림 9-10 유비퀴틴(Protein Data Bank에서 전재, ID:1UBQ)의 3차구조(좌)와 아미노산 측쇄의 정보를 부가한 표시(우). 좌우 그림의 위치관계는 대응관계. 좌측의 표시에는 펩타이드 주사슬에 따른 형태만이 표시되었고 우측의 표시에는 주사슬에서 돌출해 있는 아미노산 측쇄의 정보를 볼 수 있다. ○는 물분자의 위치를 나타낸다.

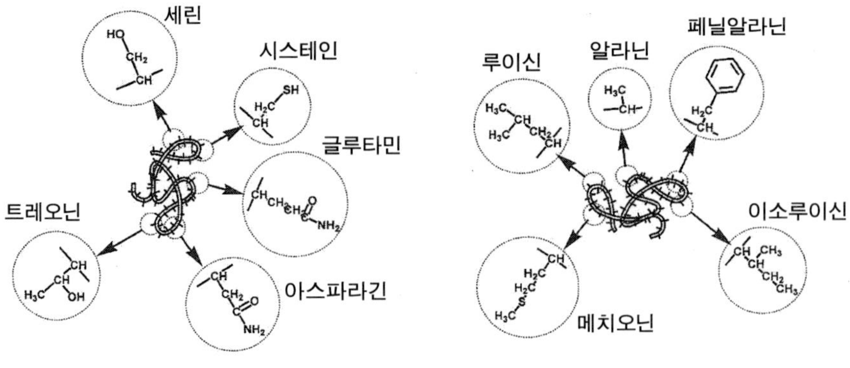

그림 9-11 친수성(좌)과 소수성(우) 단백질.

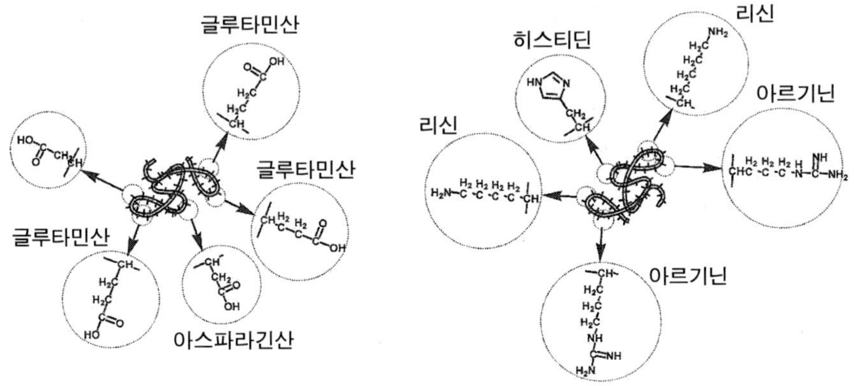

그림 9-12 산성(좌)과 염기성(우) 단백질.

돌출되어 있는 아미노산 측쇄의 성질에 의해 결정된다. 친수성 단백질은 핵 내와 세포질 내의 수용성 이온 환경에 잘 녹고, 단백질 표면에서는 이온화 혹은 친수성의 아미노산 측쇄가 돌출되어 있다(그림 9-11 좌). 역으로 소수성(친유성)의 단백질은 세포막과 같은 유성 환경에 잘 녹고, 이와 같은 단백질 표면에는 소수성 단백질 측쇄가 돌출되어 있다(그림 9-11 우). 또 산성단백질로 불리는 것은 단백질 표면에서 산성아미노산이 많이 돌출되어 있고 염기성 단백질 표면에는 염기성 아미노산이 많이 돌출되어 있다(그림 9-12). 단백질의 성질은 3차구조(입체구조)에 의존해 있는 것처럼 보이지만 실제로 성질을 정하고 있는 것은 단백질 표면에서 돌출된 아미노산 측쇄의 평균적 성질이거나 전체 구성 아미노산의 평균적 성질이다. 즉 단백질의 성질은 가장 계층이 낮은 0차구조의 아미노산 성질에 의해 결정되는 것이다.

단백질의 구조와 기능은 단백질의 물리·화학적 성질에서 발생한다. 단백질의 화학적 성질이 눈에 보이는 것은 제 6장에서 등전점 전기영동의 점 위치이다(그림 6-1 참고). 가로축을 등전점(pI), 세로축을 질량(M_r)으로 하는 2차원의 막상에 전개된 각각의 단백질은 그 점의 위치정보(pI, M_r)에서 특징 지워 진다. 2차원 전기영동 그림의 산성측(낮은 pI 측)에 나타나는 점의 단백질은 산성이고 글루탐산과 아스파라긴산, 인산기 등을 많이 포함하고, 이와 같은 단백질은 산성단백질로 불린다. 또한 2차원 전기영동 그림의 염기성 측(높은 pI 측)에 나타나는 것은 염기성 단백질이고 리신, 아르기닌, 히스티딘을 비교적 많이 포함한다.

한편 단백질의 물리적 성질인 질량(평균치인 상대분자질량 M_r로 표시)은 1차원 펩타이드 사슬의 길이 즉, 구성 아미노산 잔기의 수 N에 비례한다. 펩타이드 사슬을 만드는 단위인 아미노산 부분(-NH-C_α(R)-COO-)의 질량을 20종의 아미노산으로 단순 평균하면 그 값은 118.8867이 된다. 이것을 사용하면 단백질의 평균 질량(M_r)은 다음과 같이 나타낼 수 있다.

$$\langle M_r \rangle = 118.8867N + 18.0153 \qquad (9.1)$$

여기에서 18.0153은 물분자의 상대분자 질량이고 N말단의 NH_2의 H와 C말단의 COOH의 OH에 해당한다. **2차원 전기영동**에는 단백질의 질량을 세로축으로 나타내고 영동 시점에 가까운 상부에 위치한 점 일수록 큰 질량의 단백질이고 종점에 가까운 하부의 점일수록 작은 질량의 단백질이다(그림 6-1).

9.5 1차구조에서 3차구조가 될 때까지

아미노산이 일렬로 연결된 사슬 모양의 1차구조에서 입체구조를 가진 3차구조가 어떤 식으로 만들어 지는가 그 과정을 간단하게 살펴보자. 1차구조 즉, 아미노산 서열과 각 아미노산의 성질 중에서 3차구조를 만드는 물리·화학적인 원인 또는 정보가 포함되어 있다는 것을 최초로 밝힌 것은 미국의 생화학자 안핀젠(1916~)이다. 그는 **효소활성**이 있는 리보뉴클레아제 A(RNaseA)에 환원 시약을 사용하여 4 개의 disulfide(S-S)**결합**을 절단하고 그 입체구조를 파괴하여 선상으로 만들었다. 이로 인해 RNaseA의 효소활성은 잃어 버렸지만 환원시약을 제거하면 공기 중에서 산화하여 다시 효소활성이 나타났다. 즉, 1차구조가 결정되면 자

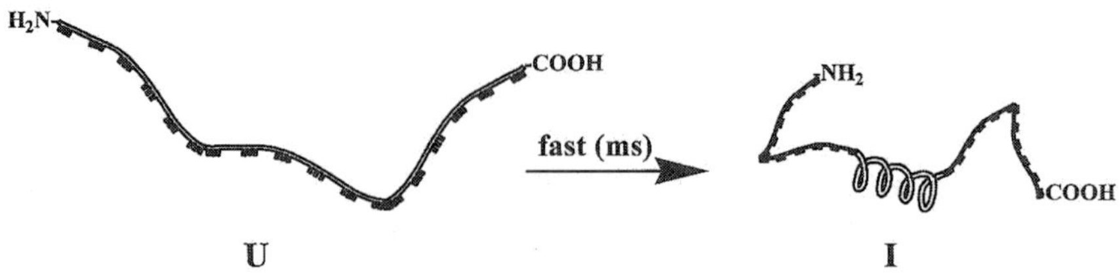

그림 9-13 1차구조(좌)에서 2차구조(우)가 만들어지는 것은 매우 빠르다.

연적으로 입체구조가 만들어져 효소활성도 생긴다는 것을 나타냈다. 이 연구에 의해 안핀젠은 1972년에 노벨화학상을 수상하였다.

단백질의 1차구조에서 3차구조가 만들어지는 과정은 몇 단계로 분류된다. 우선 완전히 용해된 상태(Unfolded state, U)에서 분자 내 수소결합에 의해 국소적으로 2차구조가 형성된다. 이 과정은 수 미리초(ms)안에 일어나는 빠른 과정이다(그림 9-13).

2차구조가 만들어진 상태는 중간상태(Intermediate states, I)이다. 이 중간상태를 대표하는 것으로 펼쳐진 상태(I)에서 compact한 상태로의 과정을 생각해 볼 수 있다(그림 9-14). 이 과정은 수십 미리초(10 ms)안에 일어나고, compact한 응집상태를 용융상태(molten globule, MG)라고 한다.

중간상태 중에서도 MG는 천연상태(Folded state 또는 Native state, N)에 가까운 것으로 생각되고 있지만 여기에서 효소활성이 있는 천연 상태의 입체구조가 될 때까지에는 비교적 긴 시간(수백 ms)을 필요로 한다(그림 9-15).

단백질의 입체구조를 만들고 있는 원리 또는 원인은 1차구조와 아미노산의 성질에 포함되어 있다. 단백질은 자발적인 변화의 방향을 결정해주는 열역학 법칙에 따라 **자유에너지**가 최소로 낮은 방향으로 자발적인 folding이 일어난다고 생

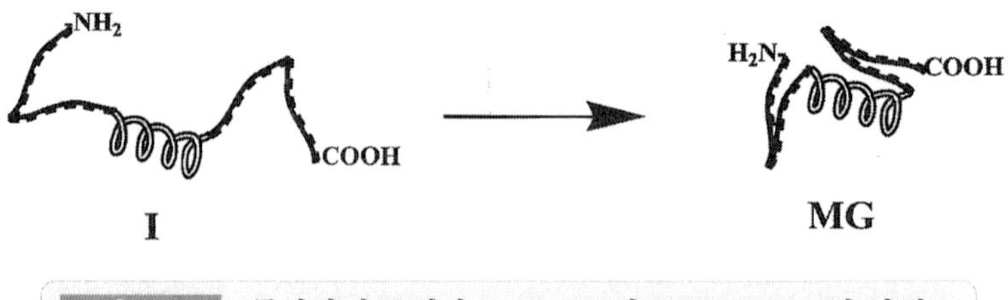

그림 9-14 중간상태(I)에서 compact한 구조(MG)로의 과정.

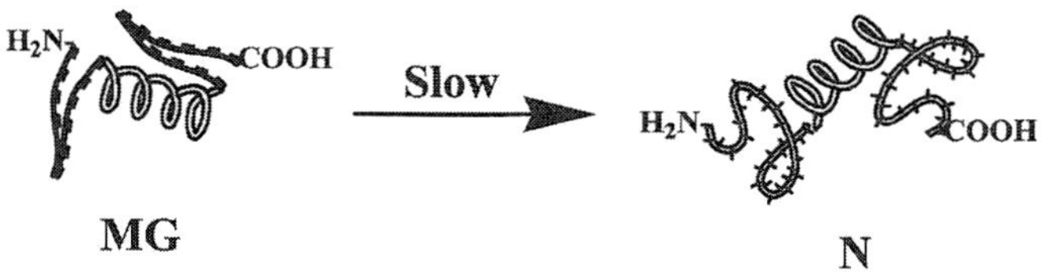

그림 9-15 중간상태(MG)에서 천연상태(N)로의 과정은 천천히 진행한다.

각된다. 즉 단백질이 풀린 상태(U)에서 천연 상태(N)까지 도달하는 것은 단백질 자신이 물리·화학적 원리에 따라 자기 조직화 능력을 갖추고 있기 때문이다. 그러나 많은 단백질에는 입체구조를 형성하기 위해 세포 내의 다른 단백질의 보조를 필요로 한다. 이와 같은 보조단백질을 분자샤페론이라고 하고 이 보조를 필요로 하는 단백질에는 ATP의 에너지도 필요하기 때문에 반응에서는 자유에너지의 역방향이거나 에너지 장벽이 있기도 한다.

제10장

단백질의 입체구조와 기능

단백질의 기능 대부분은 다른 분자와의 상호작용을 통해 나타난다. 예로서 커피의 향기와 케이크의 맛을 즐기는 것은 음식물에 포함된 고유의 분자 또는 분자군이 비강(鼻腔)점막 표면과 혀 표면에 존재하는 수용체 단백질과 결합하기 때문이다. 약을 투여하면 감기 등의 증상이 경감되는 것도 의약품 분자가 수용체 단백질과 결합하여 그 효과를 나타내기 때문이다. 이들 결합은 열쇠와 열쇠구멍의 관계에 해당하지만 서로 간의 성질은 분자의 형태와 단백질의 입체구조가 깊이 관계하고 있다. 이 장에서는 잘 알려진 리소자임과 에스트로겐(여성호르몬)수용체를 예로 들어 구조와 기능의 관계를 알아보자.

10. 1 단백질과 리간드의 결합 적합성

단백질이 이온 펌프, 효소, 수용체로서 다양한 활동을 할 때 그 기능은 단백질의 구조와 깊은 관계를 갖고 있다. 이들 기능성 단백질로 불리는 한 무리는 다른 원자 또는 분자와 결합하여 기능을 나타내지만 그 때 단백질은 결합하기 위해 적합한 구조 즉, 형태를 가져야 한다. 생물 자신이 만들어내는 내인성(內因性)의 호르몬과 의료 목적으로 사용되는 약물 등의 작은 분자(ligand)는 수용체로 불리는 단백질과 결합하여 그 후 생체응답의 시발체로 작용한다. 단백질과 리간드의 결합은 일반적으로 상호작용이라고 하고, 그 상호작용이 효과를 나타내는 것은 다음 2가지 과정을 거친다.

1. 단백질과 리간드의 초기적합(필요조건)
2. 유도적합 및 동시에 일어나는 단백질 혹은 리간드의 구조 변화(충분조건)

초기적합은 단백질과 리간드가 최초로 만났을 때에 결합할 수 있는가의 형태적인 상대성질(열쇠와 열쇠구멍과의 관계)이고 유도적합(induced fitting)은 단백질과 리간드가 결합했을 때 수소결합 등의 원자간 상호작용이 여러 군데에서 나타나는 것이다. 이 유도 적합은 안정화의 에너지를 발생시킴과 동시에 역학적인 힘

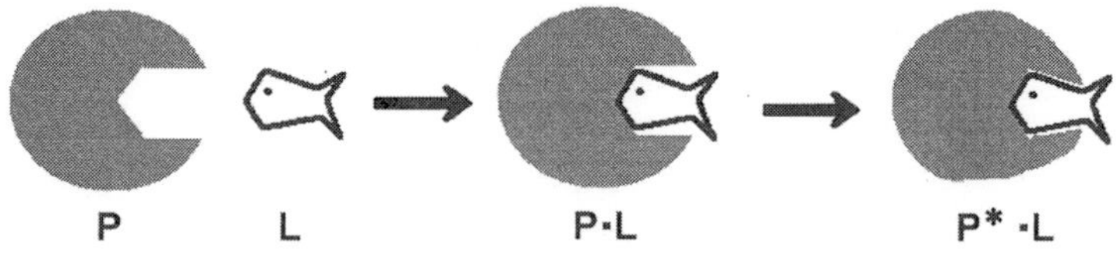

그림 10-1 단백질(protein, P)과 리간드(ligand, L)의 상호작용. 초기적합에 의해 복합체 P·L을 형성한다. 단백질과 리간드와의 상대성질(열쇠와 열쇠 구멍과의 관계)이 나쁘면 복합체를 형성하지 않거나 분리 되어버린다. 상호간에 형태상의 상대성질이 좋고 초기적합이 잘 진행하면(P·L을 형성) 수소결합 등의 원자간 상호작용이 여러 곳에서 일어난다. 여러 곳에서 상호작용이 유도되어 단백질 또는 리간드 구조 변화가 발생한다(P^*·L에 변환).

에 의해 기능을 수행 하고 단백질과 리간드의 형태를 바꾼다고 생각되고 있다. 특히 단백질의 구조가 바뀌는 과정(P→P*)은 호르몬과 약물이 그 효과를 발휘하기 위한 시발체가 된다고 생각되고 있다(그림 10-1). 또한 리간드 결합이 생물체에 효과를 나타낼 때에 **초기적합은 필요조건, 유도적합은 충분조건**이라고 할 수 있다.

다음에서는 달걀 리소자임과 사람 에스트로겐 수용체를 예로 들어 그 구조와 기능과의 관계를 나타내었다. 특히 초기적합의 중요한 원인인 3차구조가 하위 계층인 2차구조에서 어떤 식으로 구축되고 있는가를 관찰해 보자.

10. 2 리소자임

리소자임은 아미노산 129잔기로 된 효소로 당쇄를 분해하는 기능을 가진다. 사람에서는 체내의 모든 곳에 존재하고 체액 등에도 포함되어 있다. 또 감기약에는 염화리소자임이 들어있고, 살균효과가 있다. 살균효과는 세균과 바이러스의 외투막을 형성하고 있는 다당류와 결합하여 그것을 분해하는 것이다.

10. 2. 1 리소자임의 3차구조와 2차구조

리소자임의 3차구조(그림 10-2)를 다양한 방향에서 보면 어떤 2차구조로 구성되어 있는가를 시각적으로 이해할 수 있다(그림 10-3). 그러나 가장 좋은 입체구조의 이해방법은 단백질 데이터뱅크에 접속하여 컴퓨터의 화면 상에서 클릭하

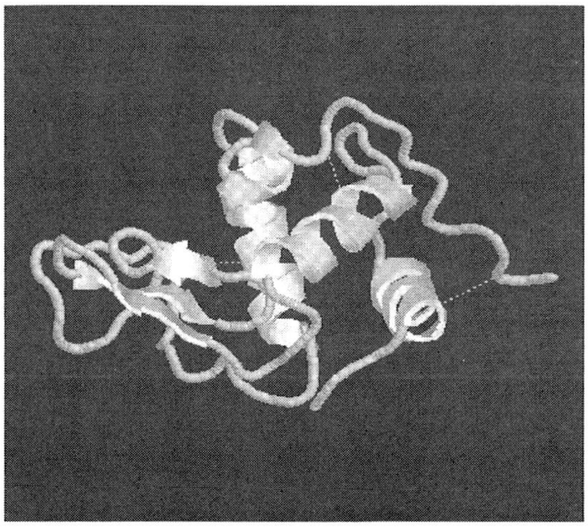

그림 10-2 리소자임의 3차구조(Protein DataBank에서 전재, ID:132L). 점선은 시스테인 잔기(cys)간에 결합한 disulfide(S-S) 결합의 위치를 나타낸다(Cys6-Cys127, Cys30-Cys115, Cys64-Cys80, Cys76-Cys94).

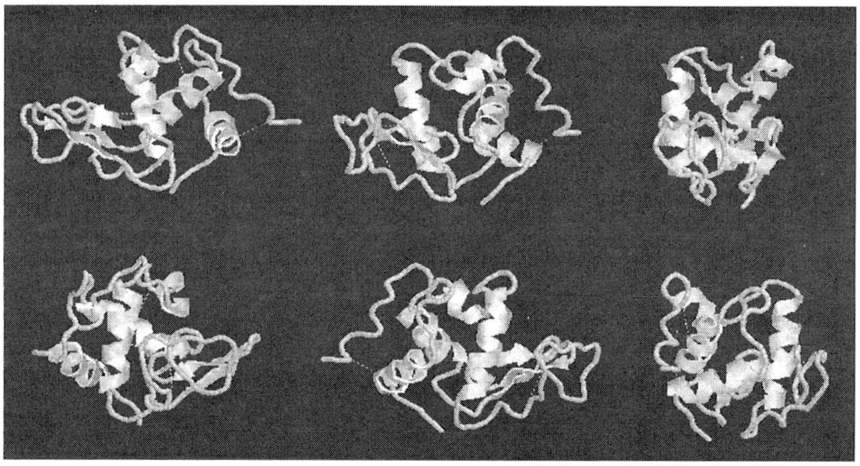

그림 10-3 여러 방향에서 본 리소자임의 3차구조(Protein DataBank에서 전재, ID:132L).

면서 여러 가지 방향에서 보는 것이다(제 8장 참고).

다음에는 리소자임의 입체구조를 구성하고 있는 2차구조(α-helix와 β-strand)의 수와 함유율, N말단에서 C말단까지의 아미노산 서열, 각 아미노산 잔기가 어

Number of Alpha	4	Content of Alpha	31.01
Number of Beta	3	Content of Beta	6.20

```
  1 KVFGRCELAA AMKRHGLDNY RGYSLGNWVC AAKFESNFNT QATNRNTDGS
     B  HHHHHH HHHHTTTTTB TTBTHHHHHH HHHHHHTTBT T EEE TTS
         αhelix                   αhelix            βstrand

 51 TDYGILQINS RWWCNDGRTP GSRNLCNIPC SALLSSDITA SVNCAKKIVS
    EEETTTTEET TTTSB SS T T    TT SBG GGGGSSS HH HHHHHHHHH
βstrand     βstrand                                 αhelix

101 DGNGMNAWVA WRNRCKGTDV QAWIRGCRL
    TTTGGGG HH HHHHTTTTTG GGGGTTS
              αhelix
```

그림 10-4 리소자임의 1차구조와 2차구조 정보. 129잔기의 문자표기에 의한 아미노산 서열(상단)과 2차구조 표기(하단). 2차구조 표기의 사이에서는 특징적인 2차구조를 가지지 않는다.

떤 2차구조에 포함되어 있는가를 나타낸다(그림 10-4).

2차구조의 기호는 각 아미노산 잔기의 밑부분에 기록되어 있다. 의미는 다음과 같다(그림에 의한 표현은 제 8장 참고).

B : 고립잔기(residue in isolated beta bridge)

H : α-helix(alpha helix 또는 3.6_{13} helix)

T : 수소결합 turn(hydrogen bonded turn)

E : β-strand(extended beta strand)

S : 밴드(bend)

G : 3_{10}-helix(3_{10} helix)

I : π-helix(pi helix 또는 3_{14} helix)

리소자임의 1번에서 127번째까지의 아미노산 잔기를 N말단 측에서 2차구조의 단위로 구분하고, 입체구조가 어떤 2차구조로 만들어져 있는가를 보여주고 있다(그림 10-5). 화살표는 N말단에서 C말단으로 향하는 방향을 나타내고 있다. 이와 같이 분리시켜 보면 단백질의 입체구조는 특징적인 2차구조의 단위로 되어 있다는 것을 알 수 있다.

10. 2. 2 리소자임의 효소활성과 활성부위의 구조

리소자임은 *N*-아세틸클루코사민(GLcNAc)의 폴리머$(GLcNAc)_n$ 또는 *N*-아세

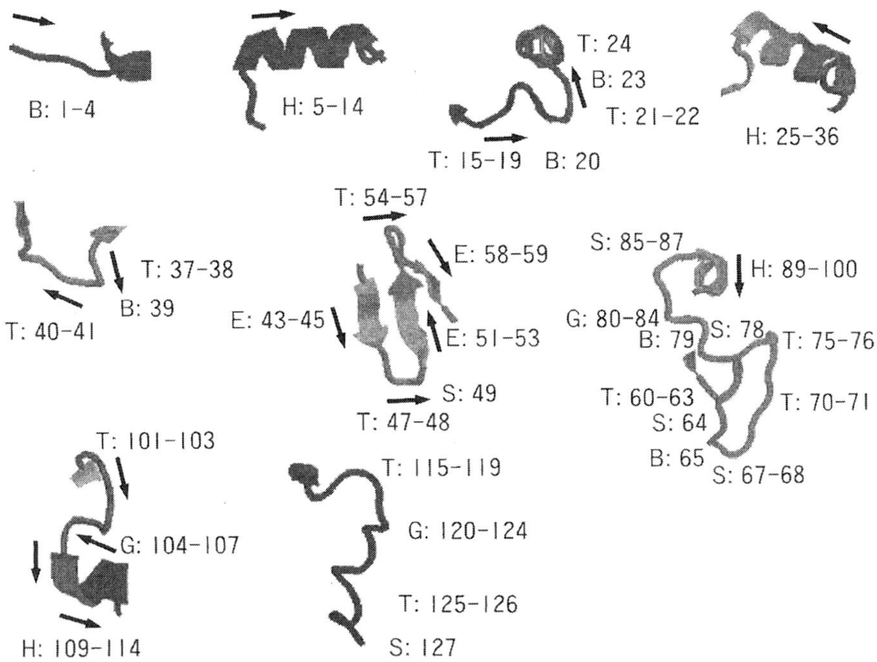

그림 10-5 리소자임의 N말단에서 C말단까지를 구성하는 2차구조.

틸뮤라민산(MurNAc)과 GLcNAc간의 β-1,4결합을 특이적으로 가수분해하는 효소이다(그림 10-6). GlcNAc는 동, 식물과 미생물의 외벽을 만드는 단단한 구조 당질인 키틴과 당단백질의 구성성분이다. MurNAc도 세균의 세포벽을 만드는 펩티

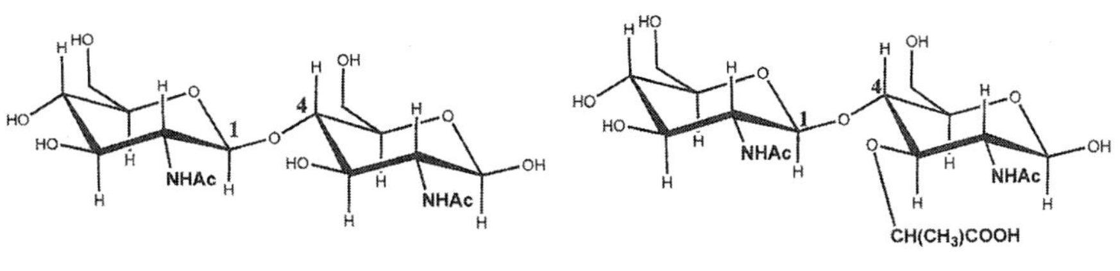

GlcNAc beta(1-4)GlcNAc GlcNAc beta(1-4)MurNAc

그림 10-6 GlcNAc-GlcNAc 및 GlcNAc-MurNAc의 구조와 β-1,4결합. β-1,4결합은 C1과 C4가 산소 원자에 의해 결합해 있는 부분을 나타내고 β는 C1에 결합해 있는 산소 원자 O와 수소원자 H의 입체배치를 나타내고 있다. 위에 그림에서와 같이 1번째 탄소에서 늘어난 산소원자가 수소원자에 대해 위쪽으로 향한 경우는 β, 아래쪽으로 향한 경우는 α로 구분하고, 이들의 입체이성질체를 아노머라고 한다.

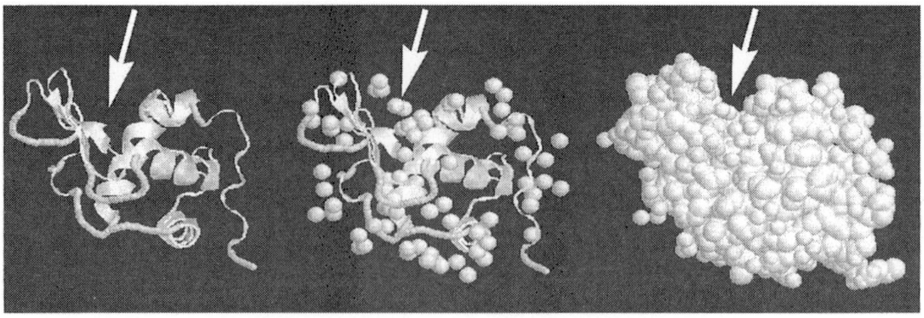

그림 10-7 당쇄를 삽입한 리소자임 활성 부위(화살표로 표시)의 여러 가지 표시. 우측은 van der Waals를 표시, 중앙은 물분자와 함께 표시(Protein DataBank에서 전재, ID:132L).

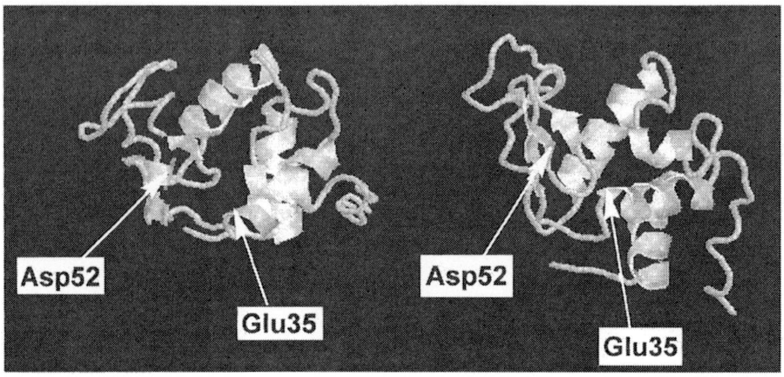

그림 10-8 리소자임의 활성부위에 있는 Asp52와 Glu35(Protein DataBank에서 전재, ID:132L).

도글리칸의 성분이다. 어느 쪽도 방어벽으로서 기능을 가지는 난분해성 성분이다. 리소자임은 이 난분해성의 세포벽을 가수분해하는 효소이다.

가수분해에 앞서 기질 당질인 세포벽 재료물질 $(GLcNAc)_n$ 또는 $(GLcNAc\text{-}MurNAc)_n$은 리소자임 분자표면의 오목한 부분에 결합한다. 당쇄의 β-1,4결합을 파고드는 리소자임의 활성부위는 여러 가지 표현법으로 나타낼 수 있다(그림 10-7).

리소자임의 활성부위에 있는 35번째의 글루탐산(Glu35)과 52번째의 아스파라긴산(Asp52)과의 사이에(그림 10-8), β-1,4결합(C1-O-C4)의 산소 원자가 삽입된다(그림 10-9). 분해반응이 일어날 때, β-1,4결합의 산소 원자가 Glu35의 카르복실기에서 proton(H^+)를 받아들여 C1-O결합이 절단된다. 가수분해 반응이기 때문에 리소자임 활성부위와 기질(효소에 의해 분해를 받는 분자, 여기서는 당쇄를 말함)과의 결합뿐만 아니라 근접하는 물분자도 효소반응에 참가하고 있다. 즉 단백질이 기능을 발휘하기 위해서는 활성부위와 근접한 위치에 물분자가 존재할 필요가 있다. 물분자의 존재는 단백질을 구성하는 아미노산이 산성과 염기성을 나타내기 위해서 필요할 뿐만 아니라 단백질의 입체구조를 형성하기 위해서도 필수이다.

산성 아미노산인 글루탐산(Glu)과 아스파라긴산(Asp)는 수중환경 중에서 이온해리하고 다시 $-COO^-+H^+$, proton(H^+)이 당쇄결합의 산소 원자를 공격한다. 그러나 수중환경에서는 proton 단독으로 존재할 수 없고 Oxonium ion(H_3O^+)으로 존재한다.

$$-COOH + H_2O \rightarrow -COO^- + H_3O^+ \qquad (10.\ 1)$$

H_3O^+와 carboxylate ion($-COO^-$)는 주위의 물분자를 이온화 하여 Hydroxyl ion(-OH)을 생성시킨다. 이들 이온이 당쇄의 산소 원자에 작용하고 가수분해반응에 참가하고 있다.

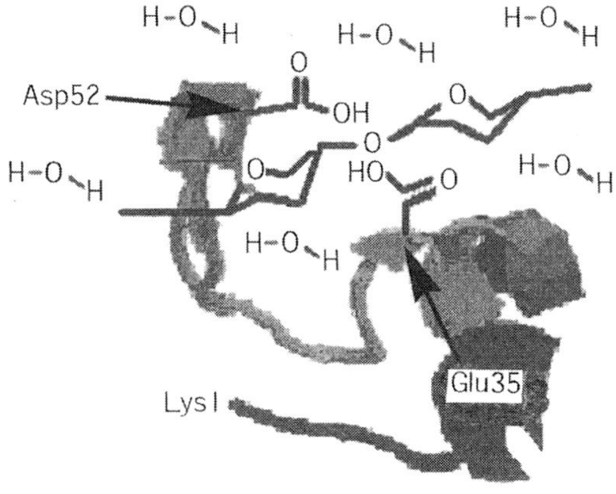

그림 10-9 당쇄의 β-1,4결합의 산소 원자는 산성 아미노산 Glu35와 Asp52사이에 삽입되어 가수분해를 받는다.

10. 3 에스트로겐 수용체

인간 에스트로겐 수용체(Human estrogen receptor, hER)는 주로 에스트로겐(여성호르몬)과 결합하는 단백질로 세포 중의 핵 내에 존재한다. α체와 β체의 두 종류가 발견되고 잘 알려진 것은 α체인 hERα이다. 이것이 통칭 ER로 불리어지는 에스트로겐 수용체이다. ER의 중요한 기능은 에스트로겐(대표적인 내인성 에스트로겐은 Estradiol-17β, 통칭 E_2)과 결합하고 최종적으로 수컷의 정자형성과 뇌의 성 분화 및 암컷의 성 행동을 유발시킨다. 여기에서 에스트로겐의 약칭 E_2에 붙어 있는 2는 분자 중에 수산기를 두 개 가지고 있다는 의미이다(그림 10-15 참고).

10 3. 1 에스트로겐 수용체의 도메인 구조와 기능

ER은 595잔기의 아미노산으로 구성되고 고유의 기능을 가진 도메인으로 분류되고 있다(그림 10-10). 각 도메인에는 다른 단백질, DNA 또는 에스트로겐과 결합해서 활성발현을 유발하는 기능이 있다. 전사활성화 도메인 AF-1은 DNA에서 mRNA로의 전사를 유도하는 기능을 가지고, 여기에 전사공여인자 단백질이 결합하여 전사반응이 개시된다. DNA결합도메인 DBD는 DNA와 결합하는 영역이다. 리간드결합 도메인 LBD(Thr311-His547)에는 에스트로겐이 결합하고 전사활성화 도메인 AF-2에는 전사인자 단백질이 결합하고 전사반응을 유도·개시시킨다.

에스트로겐(Ligand, L)이 ER에 결합하고, 단백질의 표현형으로서 호르몬 효과가 나타날 때까지의 과정을 그림 10-11에 나타냈다.

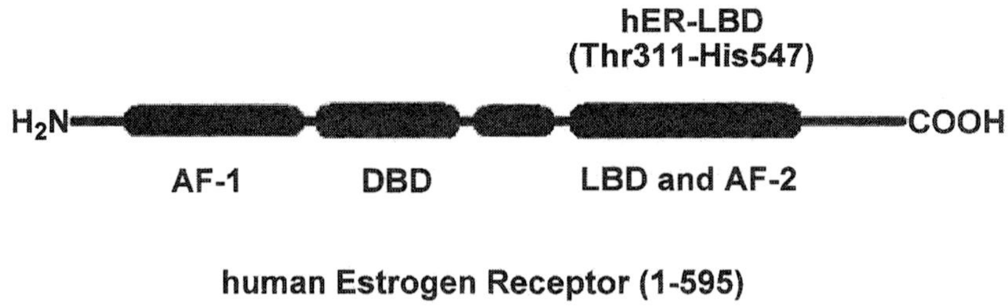

그림 10-10 인간 에스트로겐 수용체(hER)와 각 도메인. 트레오닌311에서 히스티딘547까지의 아미노산 서열영역(hER-LBD)에 에스트로겐이 결합한다.

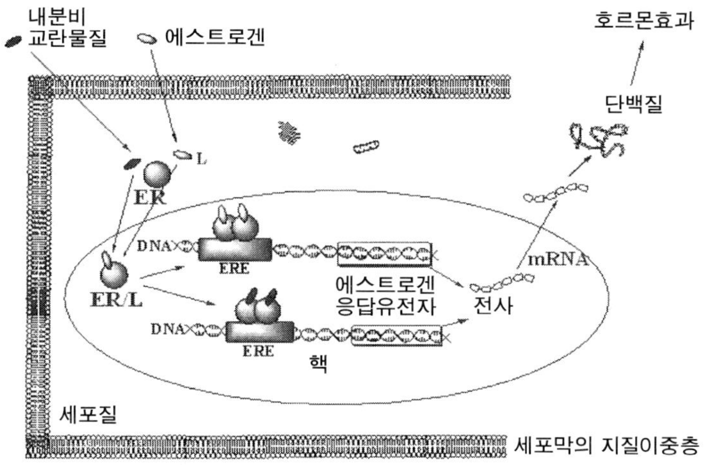

그림 10-11 내인성 에스트로겐(L)이 세포 중에 침입하고 핵 내로 이동하여 에스트로겐 수용체(ER)와 결합하여 호르몬 활성이 발현한다.

혈중에서 세포막(Lipid bilayer)을 통해 세포질(Cytoplasm)에 침입한 에스트로겐은 ER과 결합하고 핵 내로 침입한다. ER은 이량체로서 기능을 수행하기 때문에 DNA와는 이량체$(ER)_2$로서 결합하지만, 전사반응 개시에 앞서 DNA상의 ERE (Estrogen responsive element) 영역과 결합하는 것 외에 전자인자와도 결합한다. ER에 에스트로겐이 결합하면 그 입체구조가 변화하고 전사를 활성화 시키는 단백질인 전사인자와의 결합 친화성이 높아진다. 전사인자와의 결합은 **전사**(DNA →mRNA)를 유도하고 계속하여 mRNA가 핵내에서 **세포질**로 수송되어 리보솜에 도달하여 단백질이 발현, 합성된다. 이런 세포내 정보전달의 결과 에스트로겐 작용이 생물의 분화와 행동으로 발현하게 된다. 세포외에서 다가오는 내인성의 에스트로겐 뿐만 아니라 외인성의 내분비교란물질(endocrine disruptor)처럼 환경 중에 확산된 오염물질의 경우도 있다.

10. 3. 2 에스트로겐 수용체의 활성화와 구조변화

ER의 **아고니스트**(agonist)인 에스트로겐 E_2가 ER 또는 이량체$(ER)_2$에 결합하면 ER의 구조가 활성형 ER*로 변화한다. 이때 에스트로겐 E_2와의 결합체 E_2/ER*이 먼저 만들어지고 나서 결합체의 이량체$(E_2/ER^*)_2$가 만들어지는가, 또는 이량체$(ER)_2$가 먼저 만들어지는가는 불명확하다. 어느 쪽도 ER의 활성형으로 구조가 변화하여 전사인자(transcription factor, TF)와의 친화성이 증가해서 전사반응이 개시한다. 이들 최초의 과정은 다음과 같이 나타낼 수 있다.

$$E_2\text{+ER} \rightarrow E_2\text{/ER*} \tag{10.2}$$

$$E_2\text{/ER*+}E_2\text{/ER*+DNA} \rightarrow \text{DNA}\cdot(E_2\text{/ER*})_2 \tag{10.3}$$

$$\text{DNA}\cdot(E_2\text{/ER*})_2\text{+TF} \rightarrow \text{DNA}\cdot(E_2\text{/ER*})_2\cdot\text{TF} \tag{10.4}$$

$$\text{DNA}\cdot(E_2\text{/ER*})_2\cdot\text{TF} \rightarrow \text{transcription} \tag{10.5}$$

중요한 과정은 에스트로겐 E_2의 결합에 의해 수용체 ER의 구조가 활성형 구조 ER*로 되는 과정(10.2)이다. E_2가 결합하는 것은 리간드결합 도메인 LBD(297~554)이다. LBD의 아미노산 서열 및 2차구조 정보를 그림 10-12에 나타냈다. LBD의 정보는 단백질 데이터 뱅크(ID:1A52)에 등록되어 있다.

에스트로겐 활성을 유도하는 구조변화 ER→ER*가 어떤 식으로 발생하는가를 알기 위해, LBD부분의 구조변화를 단백질 데이터 뱅크를 통해 볼 수 있다. 그림 10-13은 불활성형 ER의 입체구조(좌)와 활성형 ER*의 구조(우)이다. 어느 쪽도 Leu306~Leu544의 리간드결합 도메인이고 이량체 구조를 가진다. 우측 그림의 활성형은 ER의 아고니스트인 에스트로겐 E_2가 결합했을 때의 구조이고 C말단

Number of Alpha	**9**	Content of Alpha	**60.47**
Number of Beta	**2**	Content of Beta	**2.71**

```
  1 MIKRSKKNSL ALSLTADQMV SALLDAEPPI LYSEYDPTRP FSEASMMGLL
               TTTTTHHHHH HHHHHH           TTS      HHHHHHHH

 51 TNLADRELVH MINWAKRVPG FVDLTLHDQV HLLECAWLEI LMIGLVWRSM
    HHHHHHHHHH HHHHHHHTTT TTTTTHHHHH HHHHHHTHHH HHHHHHHHTT

101 EHPGKLLFAP NLLLDRNQGK CVEGMVEIFD MLLATSSRFR MMNLQGEEFV
    TTTTEEESBT TEEEESGGGT TTTT HHHHH HHHHHHHHHH HTT  HHHHH

151 CLKSIILLNS GVYTFLSSTL KSLEEKDHIH RVLDKITDTL IHLMAKAGLT
    HHHHHHHHHS SSTTTTTTSH HHHHHHHHHH HHHHHHHHHH HHHHHHTT

201 LQQQHERLAQ LLLILSHIRH MSNKGMEHLY SMKCKNVVPL YDLLLEMLDA
    HHHHHHHHHH HHHHHHHHHH HHHHHHHHHH HHHHTTS  S HHHHHHH

251 HRLHAPTS
```

그림 10-12 인간 에스트로겐 수용체(hERα)의 리간드결합 도메인 LBD(297~554)의 1차구조 및 2차구조 정보. 여기에 나타낸 첫 번째 아미노산 잔기인 메티오닌(M)이 전장 hERα의 297번째 아미노산 잔기에 해당.

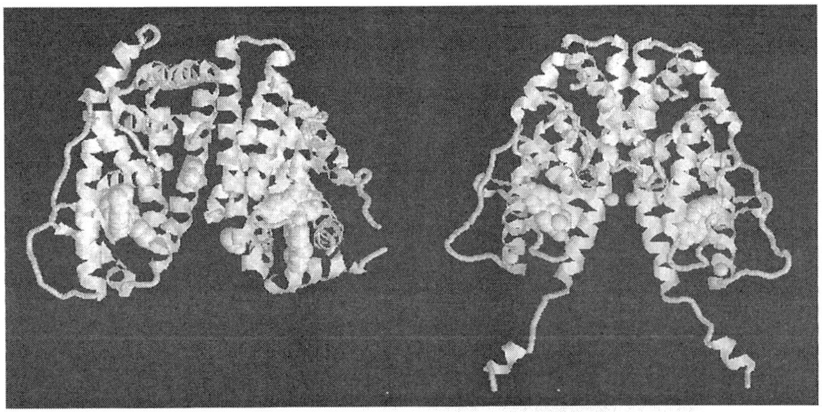

그림 10-13 에스트로겐 수용체의 2량체 입체구조. 에스트로겐 활성을 나타내는 활성형(우)(Protein DataBank에서 전재, ID:1A52)과 불활성형(좌)(Protein DataBank에서 전재, ID:1ERR). 활성형에서 발과 같이 아래로 돌출되는 있는 것은 C말단 측의 helix.

의 helix부분이 마치 발과 같이 밑에 돌출되어 있는 것이 특징이다. 이와 같은 발이 돌출된 구조를 가짐으로 인하여 전사인자와 결합이 쉽게 일어난다. 한편, 좌측 그림은 안타고니스트(antagonist, 특이적으로 결합하지만 활성이 없는 리간드)인 라록시펜(raloxifene)과 결합할 때의 불활성형 입체구조이다. C말단의 helix부분이 접혀 compact한 구조로 되어 있는 것이 특징이다. 이 구조에서는 전사인자와의 상호작용이 일어나기 어렵고 에스트로겐 활성에 의해 유도된 생체 내 반응이 일어나지 않는다.

10. 3. 3 에스트로겐 수용체와 Estradiol-17β의 결합

ER에는 리간드인 Estradiol-17β(E_2)이 삽입되는 주머니가 있다(그림 10-14). E_2에는 3번째에 페놀 수산기와 17번째에 알콜 수산기가 있고(그림 10-15), 이들 전하밀도가 높은 수산기가 ER 주머니 내의 각 아미노산 측쇄와 결합한다. 자세한 내용은 다음에 표시하였다(각 아미노산 위치는 다음 항을 참고)

- Glu353의 카르복실기와 E_2의 페놀 수산기
- Arg394의 구아니딘기와 E_2의 페놀 수산기
- 물분자 H_2O와 E_2의 페놀 수산기
- His524와 E_2의 알콜 수산기

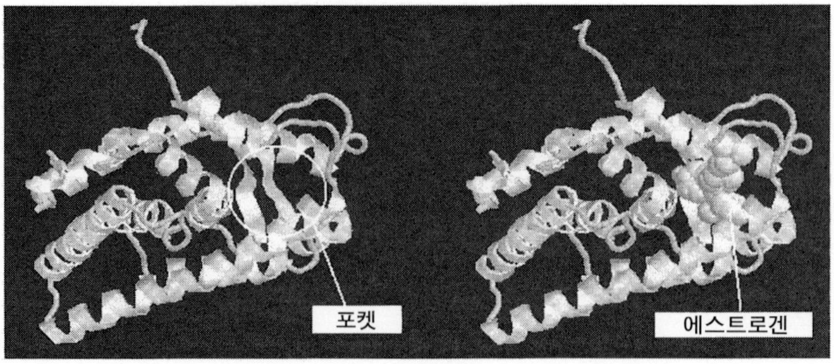

그림 10-14 에스트로겐 수용체의 주머니(좌)와 주머니에 들어간 에스트로겐 (우)(Protein DataBank에서 전재, ID:3ERT).

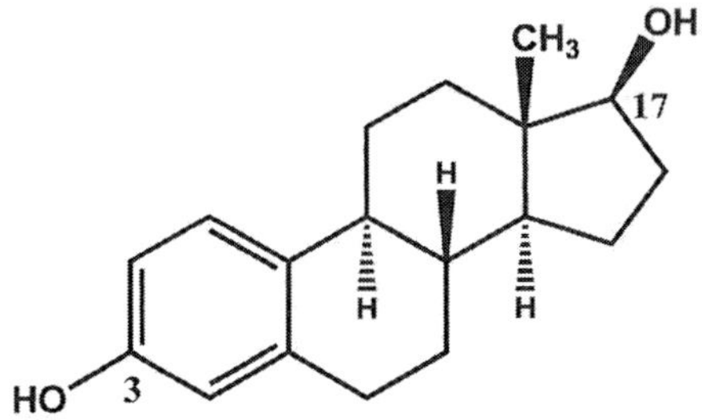

그림 10-15 에스트라디올-17β(E_2)의 구조.

· Ala350, Leu387, Phe404, Ile424, Gly521, Leu525의 각 소수성 아미노산과 E_2의 스테로이드 골격과의 소수성 결합

페놀 수산기와 주머니 내의 복수 분자(Glu353, Arg394, $H_2$0)가 상호작용하는 것은 어느 쪽 분자도 이온화를 동반하기 때문에 중요하다. 왜냐하면 글루탐산에 유래하는 proton의 존재는 단백질 구조변화의 원인이 되기 때문이다.

10. 3. 4 에스트로겐 수용체의 입체구조를 2차구조로 분해한다.

여기서는 ER의 입체구조가 어떤 2차구조로 구성되어 있는가를 시각적으로 이해하기 위해 리간드결합 도메인의 입체구조를 2차구조의 단위마다 절단하여 나타내었다(그림 10-16). 입체구조는 helix(H)와 strand 또는 sheet(E) 등의 특징적인 2차구조 사이를 turn(T)과 bend(S)로 결합하고 T와 S부분을 관절과 같이 이용

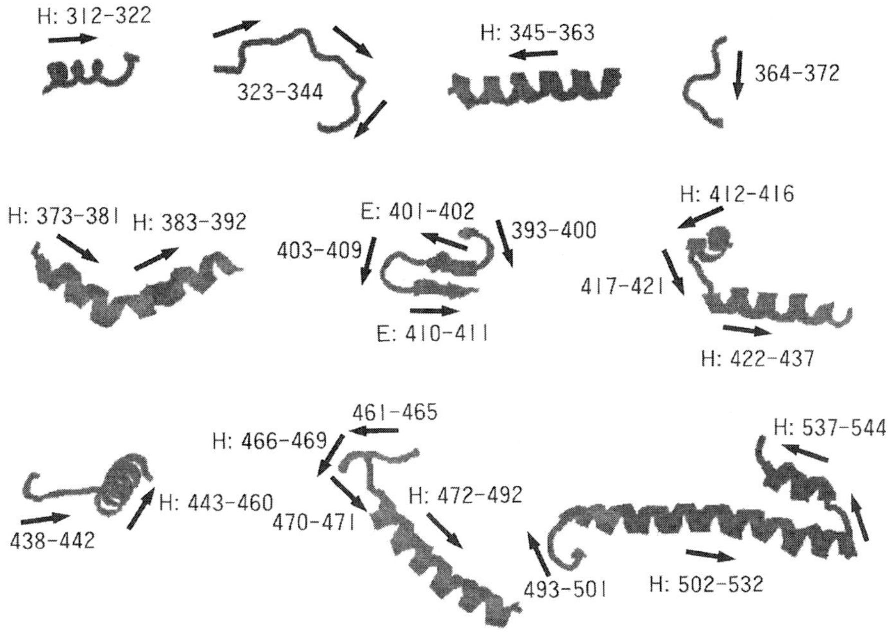

그림 10-16 ER의 리간드결합 도메인(Thr311~His547)의 입체구조를 2차 구조 단위로 구분한 모습. 이 중에서 에스트로겐을 감싸는 주머니를 형성하고 있는 부분은 H:354-363, H:383-392, E:401-402, 403-409, E:410-411, 417-421 및 H:502-532의 일부이다.

해서 접혀 있다. 이 접힘은 반드시 빽빽하게 채워져 있는 것은 아니므로 내부에 틈(주머니)이 생긴다. 이 주머니 형태가 에스트로겐 등의 리간드 형태와 만나면 특이적인 결합이 발생한다. 외인성 내분비교란물질(환경호르몬)은 인공적으로 합성된 화학물질이 ER 주머니와 우연히 형태가 맞아버린 예이다.

제 11 장

단백질과 리간드와의 결합 해석

수용체 단백질과 같이 리간드(호르몬과 약물 등)와의 결합에 의해 그 기능을 나타내는 경우 리간드의 단백질에 대한 결합능 등을 정량적으로 평가할 필요가 있다. 예를 들면 의약품의 개발에서 특정 질병에 관계하는 단백질을 표적으로 하고 조금씩 화학구조가 다른 화학물질을 합성하여 결합능과 생리활성을 평가한다. 이때 수용체 단백질과 리간드의 결합은 생리활성이 생기기 위한 필요조건이 되기 때문에 그 결합정수가 리간드의 중요한 특성을 나타내는 수치가 된다. 여기서는 이런 경우의 평가해석법에 대해서 알아보자.

11.1 결합과정

호르몬 등의 리간드(Ligand, L)가 수용체 단백질(Receptor, R)에 결합하고 그 활성을 표현할 때 리간드 활성의 강도를 평가하기 위해서는 리간드의 투여농도와 활성강도와의 관계를 나타내는 투여-응답곡선(dose-response curve)을 사용하는 경우가 많다. 또 응답의 구조를 조사하는 최초의 일은 수용체와 리간드와의 결합정수 또는 해리정수를 결정하는 것이다. 단백질이 수용체로서의 기능을 나타낼 때에는 결합에 의한 단백질의 구조변화(R→R*)가 생기고 그것에 의해 계속해서 생체 내 과정이 진행한다고 생각되고 있다.

$$R+L \rightarrow R\cdot L \rightarrow R^{*}\cdot L \rightarrow \text{생체 내 정보전달} \qquad (11.1)$$

이때에 최초의 결합과정(R+L→R·L)은 생체 내 정보전달의 필요요건이고 그 후의 구조변화과정(R·L →R*·L)은 충분조건에 해당한다. 결합과정은 다음에 나타낸 것과 같이 정량적인 해석 수단이 있고, 수치적으로 취급하기 쉽지만 후자의 구조변화 과정에는 단백질의 동적 움직임(단순한 구조변화 뿐만 아니라 생체 내에서 다른 분자와의 상호작용과 번역 후 수식 등)이 관여하고 있기 때문에 해석이 어렵고 또한 미해결 문제가 많이 있다.

수용체 R과 리간드 L과의 결합·해리의 평형을 생각하면 결합정수 K_a 및 해리정수 K_d는 다음과 같이 나타낸다.

$$\mathrm{R+L} \underset{k_2}{\overset{k_1}{\rightleftarrows}} \mathrm{R \cdot L} \tag{11.2}$$

$$K_a = k_1/k_2 = [\mathrm{R \cdot L}]/[\mathrm{R}][\mathrm{L}] \tag{11.3}$$

$$K_d = k_2/k_1 = [\mathrm{R}][\mathrm{L}]/[\mathrm{R \cdot L}] \tag{11.4}$$

여기에서 k_1은 결합의 속도정수, k_2는 해리의 속도정수, [ ]는 농도표시이다. 또 생각하고 있는 실험계(총 체적 V)에 있어 수용체의 총 수를 R_0으로 두면, 그 농도 $[R_0]=R_0/V$는 결합체의 농도 [R·L]와 미결합체의 농도 [R]의 합과 같다. 즉

$$[\mathrm{R_0}] = [\mathrm{R}] + [\mathrm{R \cdot L}] \tag{11.5}$$

(11.5)를 (11.4)에 이용하면 해리정수의 기본식을 다음과 같이 얻는다.

$$\begin{aligned} K_d &= k_2/k_1 = [\mathrm{R}][\mathrm{L}]/[\mathrm{R \cdot L}] \\ &= ([\mathrm{R_0}] - [\mathrm{R \cdot L}])[\mathrm{L}]/[\mathrm{R \cdot L}] \end{aligned} \tag{11.6}$$

기본식 (11.6)을 사용하여 다음에 각종의 결합 해석법을 나타내었다.

11. 2 각종 해석법

다음에 나타낼 방법은 기본적으로 리간드 L을 수용체 R이 존재하는 실험계에 넣었을 때에 농도 [L]에 대해 결합체의 농도 [R·L]이 어떤 값을 취하는가를 측정하고 그것의 실험값을 X-Y 좌표에 위치를 결정하여 해석하는 것이다.

(a) Langmuir Plot법

이 방법은 해리정수를 결정하기 위해 [L] 대 [R·L]의 plot를 사용한다. 기본식 (11.6)을 사용하여 해리정수 K_d를 구하기 위해서는 우선 리간드의 농도[L]에 대해 복합체의 농도[R·L]를 측정하는 실험을 한다. 실험결과에서 K_d를 구하기 위해서는 (11.6)식을 다음과 같이 변형해 두면 편리하다.

$$[\mathrm{R \cdot L}] = [\mathrm{R_0}][\mathrm{L}]/([\mathrm{L}] + K_d) \tag{11.7}$$

[L]에 대해 [R·L]를 plot해서 [L]이 크게 되면 [R·L]이 점차적으로 $[R_0]$에 가깝게 포화곡선이 얻어진다. 얻어진 곡선에서 해리정수 K_d를 구할 수 있다.

(b) Scatchard Plot법

이 방법은 해리정수, 총수용체 농도, 최대 리간드 결합수를 구하기 위해 [R·L] 대 [R·L]/[L]의 plot를 사용한다. 해리정수 K_d, 총 수용체 농도[R_0], 최대 리간드 결합수 B_{max}를 구하기 위해서 (11.6)식을 다음과 같이 변형하면 편리하다.

$$[R \cdot L]/[L]=(1/K_d)([R_0]-[R \cdot L]) \qquad (11.8)$$

여기에서 최대 리간드 결합수 B_{max}는 X축([R·L])과의 교차점 즉, 총수용체 농도[R_0]과 동일하게 된다. 이 plot는 단순하게 음의 기울기를 갖는 직선이 되지만 실험계에 따라서는 곡선과 접힌 선이 될 경우도 있다. 특히 수용체에 대한 최초의 리간드 결합이 그 이후 일어나는 리간드 결합에 영향을 미칠 경우에는 기울기가 다른 두 종류의 직선 연결이 되기도 한다. 이와 같은 경우 다음의 Hill 플롯이 사용된다.

(c) Hill Plot법

이 방법은 수용체 단백질에 복수의 리간드가 결합할 때의 협동 효과(Cooperative effect)를 조사하기 위해 사용한다. 즉 첫 번째 리간드의 결합이 두 번째 리간드의 결합에 어떠한 영향을 미치는 가를 조사한다. 해석을 위해서는 log[L] 대 log {[R·L]/(B_{max}-[R·L])} 의 양대수 plot을 실시한다. 이 플롯에서 얻어진 균등 분배를 Hill 계수라고 부른다. 협동효과가 없으면 Hill 계수는 1이지만 Hill 계수가 1보다 큰 경우 첫 번째 리간드의 결합은 두 번째 리간드의 결합을 강하게 한다(정의 협동효과). 역으로 Hill 계수가 1보다 작은 경우 두 번째 결합은 약하게 된다(부의 협동효과)

리간드 결합의 협동효과 유무를 조사하기 위해서는 (11.6)의 R_0을 B_{max}로 치환하여 다음과 같이 변형하면 편리하다.

$$[R \cdot L]/[B_{max}]-[R \cdot L])=[L]/K_d \qquad (11.9)$$

$$\log([R \cdot L]/([B_{max}]-[R \cdot L])=\log(L)-\log K_d \qquad (11.9)'$$

제12장

2차구조로 이해하는 단백질

움직이는 분자엔진인 단백질의 기능을 이해하기 위해서는 입체구조를 잘 알고 있을 필요가 있지만 입체구조의 안정성을 지탱하고 있는 2차구조의 특징을 이해하는 것도 필요하다. 2차구조는 단백질의 계층구조 중에서 가장 중요한 위치를 차지하고 있다. 그것은 감염성 인지증 프리온병이 2차구조병으로 알려진 것처럼 2차구조의 형성이상이 중요한 병의 원인이 된다고 할 수 있다. 여기에서는 2차구조의 형성에 관계하는 분자내 수소결합과 아미노산 구조와의 관계에 대해서 알아보자.

12.1 폴딩(Folding)

제9장에서 나타낸 것처럼 단백질이 1차구조의 끈과 같은 상태(Unfolded state, U)에서 2차구조를 가진 중간체(Intermediate, I)를 거쳐 활성을 가진 **천연상태**(native state, N)로 될 때까지 다음과 같은 과정을 거쳐야 한다(그림 12-1).

$$U \rightarrow \text{중간체 (I)} \qquad (12.1)$$

$$I \rightarrow \text{Molten globule(MG)} \rightarrow \text{천연상태(N)} \qquad (12.2)$$

단백질이 완전히 풀린 상태 U에서 2차구조를 형성한 중간체 I까지 도달하는 과정(12.1)은 비교적 빨리 진행되어 수 m초안에 일어난다. 2차구조의 형성이 이와 같이 빠른 것은 **분자내 수소결합**의 형성에 의한 국소적인 구조 변화 때문에 각 부분에서 독립적으로 진행할 수 있기 때문이다. 2차구조의 대표는 α-helix와 β-strand 또는 β-sheet이다(제 8장 및 제 10장 참고). 이들 구조는 아미노산 성질에 의해 자발적으로 형성되고 안정하다. α-helix와 β-strand를 turn과 bend가 연결하고 있다. turn과 bend는 특징적인 구조를 가지지 않지만 단백질이 접힐 때에 관절의 역할을 하기 때문에 중요하다.

중간체 I에는 2차구조 만으로 형성된 것 외에 비교적 compact 하게 조립된 Molten globule(MG)로 불리는 상태가 가정(假定)되어 있다. MG는 효소활성을 가지는 소위 천연상태 N과는 다르지만 구조적으로 닮아 있는 가설상의 중간체이다.

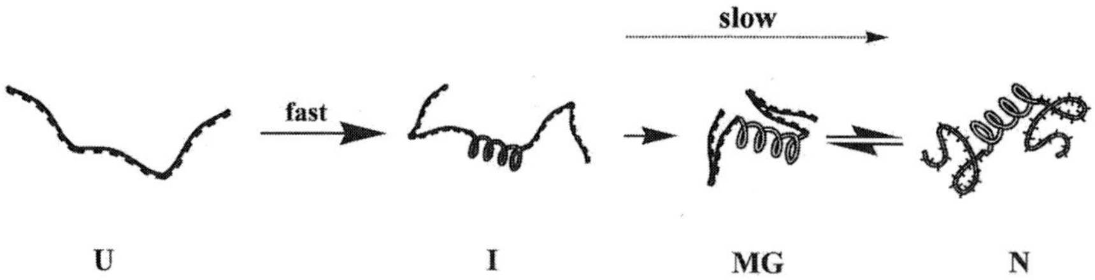

그림 12-1 단백질의 폴딩. 1차구조(U)에서 2차구조(I)가 형성하는 것은 빠르다. 이것에 비해 안정한 상태 I에서 비교적 compact한 상태 MG를 거쳐 활성이 있는 상태 N에 이르는 것은 느리다.

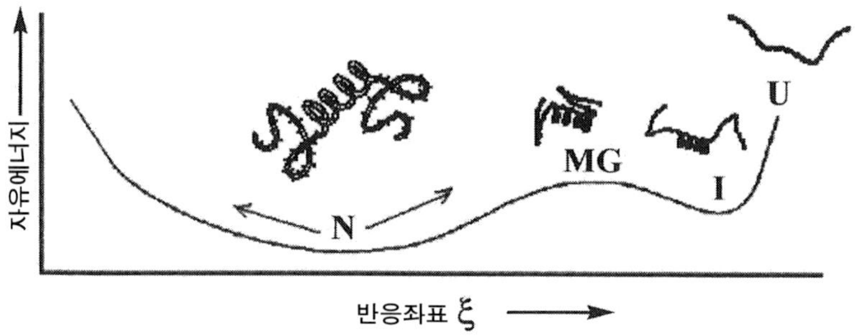

그림 12-2 단백질 N은 자유에너지가 낮은 안정된 potential에서 동요하고 있다. ξ는 단백질이 풀려져 가는 방향을 특징짓는 변수(반응좌표).

실험적으로는 I 또는 MG에서 N에 도달하는 과정은 비교적 천천히 진행하는 것으로 알려져 있고 그 시간은 단백질에 크게 의존한다. 이 느린 과정(12.2)은 자유에너지의 장벽이 있거나 입체구조의 주형을 제공하는 분자 샤페론의 구조가 필요하기도 하다.

또한 천연상태 N과 같은 단백질은 결정처럼 단단하지 않기 때문에 구조적으로 항상 동요하고 있고 자유에너지가 낮은 극소 곡선으로 특징 지워진다. 이것을 가리켜 marginal stability라고 부르고, 단백질의 입체구조는 낮은 자유에너지 준위 안에서 항상 동요하고 있는 이미지를 가진다(그림 12-2). 그러나 단백질의 폴딩 해석에는 폴딩 과정을 추적하는 기본적인 기술과 그 해석의 이론적인 과정을 포함해서 해결해야 할 많은 문제가 남아 있고, 새로운 방법론과 해석 장치의 개발이 필요하다고 할 수 있다.

12. 2 α-helix

12. 2. 1 아미노산의 입체화학

펩타이드 사슬이 나선형태로 α-helix 구조를 갖는 것을 이해하기 위해서는 **아미노산**의 입체구조를 이해할 필요가 있다. 글리신을 제외한 α 아미노산은 부재(asymmetry)중심인 **부재탄소** C_α를 가지기 때문에 **편광**을 받으면 편광면을 회전시켜 **광학활성**을 나타낸다. 이 광학활성의 정도 즉 편광면의 회전각을 선광도(旋光度)라고 하고 아미노산 물성정수의 하나이다. α 아미노산의 α는 카르복실기(-COOH)의 카르보닐 탄소에서 헤아려 α번째에 아미노기(-NH_2)가 결합해 있는 것에 유래하고 있다. β번째 γ번째에 아미노산이 결합해 있을 때에는 β 아미노산 또는 γ 아미노산이라고 한다(그림 7-12 참고).

직선 편광이 아미노산을 통과 후 편광을 발하는 광원을 향해 편광면이 시계 방향으로 회전하는 경우를 우선성(dextrorotatory, D)이라 하고, 시계 반대 방향으로 회전하는 경우를 좌선성(levorotatory, L)이라고 한다. 서로 거울상(mirror image)의 관계에 있는 화학물질 D 체와 L 체는 chiral 분자라고도 하고, 선광도는 같지만 회전방향이 서로 역(정과 부)방향이다(그림 12-3). 생체를 구성하는 단백질은 좌선성의 L-아미노산으로 만들어져 있다. 이 비대칭성에서 펩타이드 사슬이 안정한 α-helix를 형성하는 나선방향에 있어서도 우선적으로 오른쪽으로 감기는 성질이 생긴다.

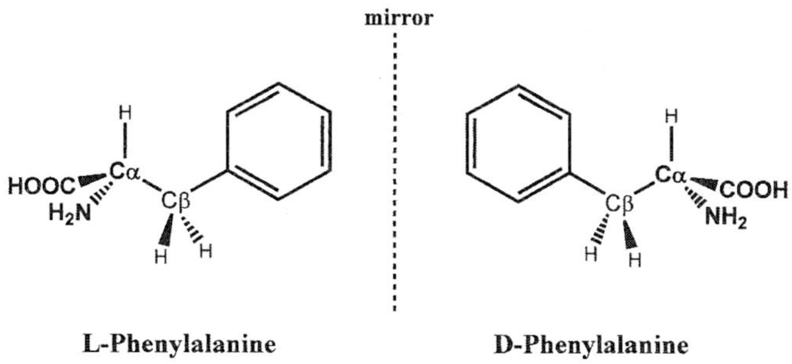

그림 12-3 페닐알라닌. 생체 중의 단백질은 좌선성의 L-아미노산으로 구성된다.

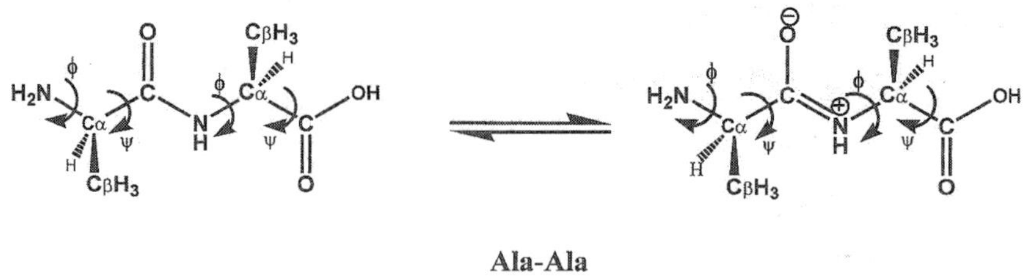

그림 12-4 공명구조에 의한 펩타이드 결합의 이중결합성. 펩타이드 주사슬상에서 자유롭게 회전할 수 있는 것은 N−C_α와 C_α−CO, 회전각은 제각기 Φ와 ψ.

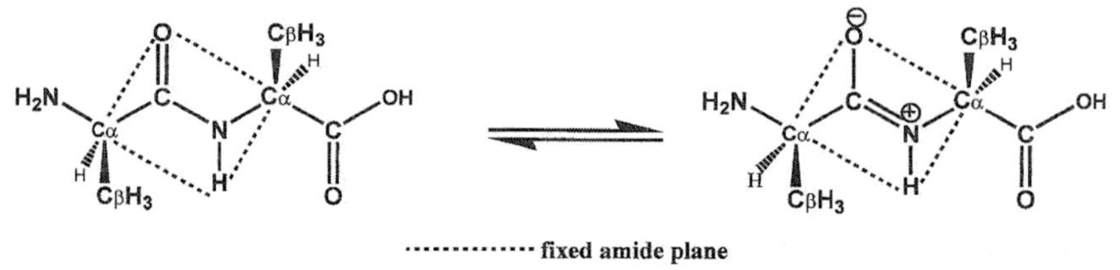

그림 12-5 C_α와 O, C_α와 H의 연결을 점선으로 표시한 amide 평면. N−C_α와 C_α−CO가 자유롭게 회전할 수 있지만 amide 평면은 고정되어 있다.

아미노산이 결합해서 생긴 **펩타이드 주쇄** NH-C_α(R_1)-CO-NH-C_α(R_2)-CO에서 자유롭게 회전할 수 있는 것은 **아미노산 측쇄**가 결합해 있는 C_α 옆의 N-C_α결합과 C_α-CO 결합 때문이다. **펩타이드 결합** CO-NH는 공명구조에 의한 이중결합성(그림 7-1 참고) 때문에 자유 회전하지 않고(그림 12-4) 고정된 아마이드 평면이 생긴다(그림 12-5).

상기와 같이 좌선성의 L-아미노산에서 생긴 폴리펩타이드는 N-C_α 결합과 C_α-CO 결합이 자유롭게 회전할 수 있다. 이때 N말단에서 C말단 방향으로 향하면서 시계방향(우측회전)의 나선을 만들 때에 α-helix가 형성된다. 좌측 회전도 가능하지만 구조적으로 불안정하기 때문에 우측 회전 구조가 우선적으로 형성된다. 이때에 *α*-helix에는 나선의 1회전 당 3.6개의 아미노산이 존재하고, 그 사이에 주사슬 방향으로의 진행은 5.4Å이다(그림 12-6). 또한 *n* 번째 아미노산 잔기의 카르보닐 산소와 *n*+4번째 amide기의 수소원자 사이에서 수소결합이 형성된다(그림 12-7).

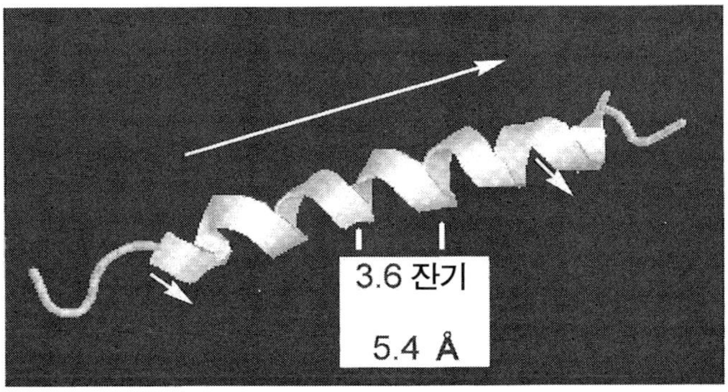

그림 12-6 α-helix 형성에 있어 1회전당 아미노산의 수는 3.6잔기이고, 그 사이 helix의 길이는 5.4Å.

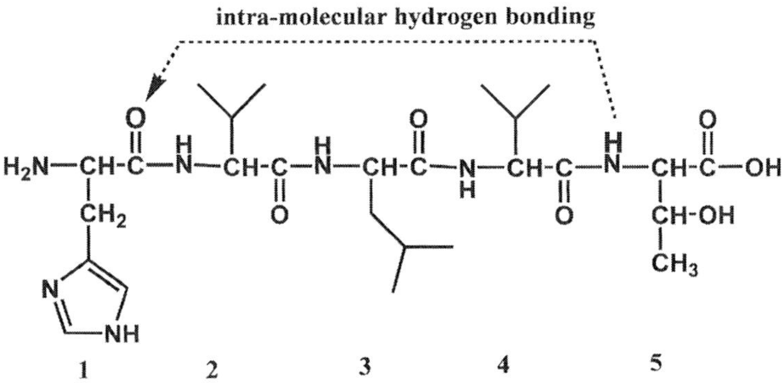

그림 12-7 α-helix 형성을 위한 분자내 수소결합의 위치. 주사슬상의 첫 번째 카르보닐 산소와 5번째의 amide기 수소가 수소결합한다.

12. 2. 2 α-helix를 형성하기 쉬운 아미노산

α-helix는 10~15잔기 정도의 아미노산에서 형성되는 경우가 많고 그 안정성은 3차구조 형성에 의해 높아지는 경우도 있다. α-helix에 출현하기 쉬운 아미노산은 알라민(Ala), 시스테인(Cys), 글루타민(Gln), 글루탐산(Glu), 히스티딘(His), 루이신(Leu), 리신(Lys), 메티오닌(Met)의 8종류이다(그림 12-8). 이들 아미노산 잔기의 특징은 모두 β번째의 탄소 C_β가 메칠렌(CH_2)의 형태로서 존재한다. 또 분지구조가 작기 때문에 근접하는 아미노산 잔기간의 입체적 장해가 적은 것이 특징이다.

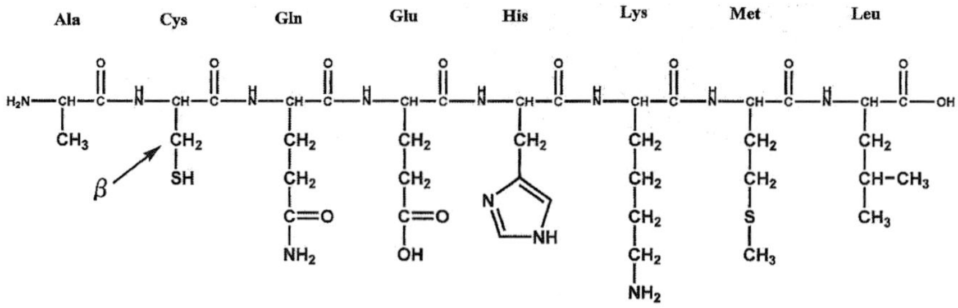

그림 12-8 α-helix를 형성하기 쉬운 아미노산 잔기. β번째의 메칠렌(CH_2)의 존재와 분지쇄가 적은 구조가 특징.

12. 3 β-sheet

12. 3. 1 β-strand

β-sheet는 β-strand 간의 **분자내 수소결합**으로 만들어진다. β-strand는 **펩타이드 주사슬**이 평면상으로 펼쳐진 구조를 하고 있다. 즉 펩타이드 주 사슬을 따라 수평방향으로 카르보닐기(C=O)와 아미노기(N-H)가 뻗어 있고, 수직방향으로 아미노산 잔기가 신장된 3차원 좌표와 같은 배치를 하고 있다(그림 12-9).

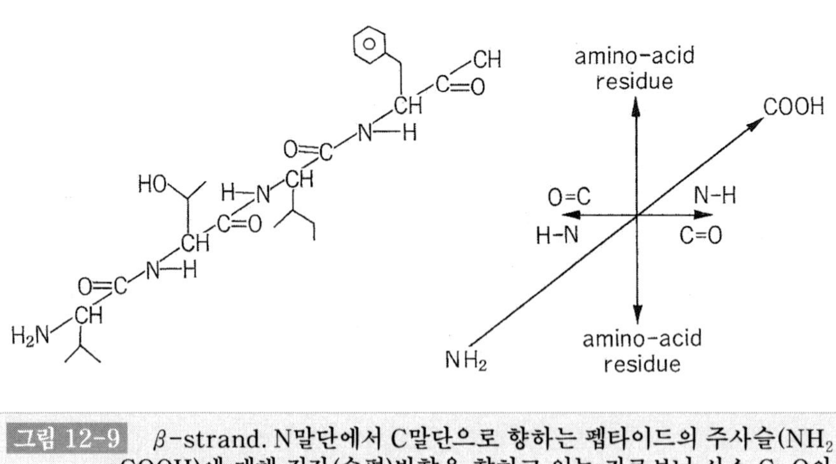

그림 12-9 β-strand. N말단에서 C말단으로 향하는 펩타이드의 주사슬(NH_2 →COOH)에 대해 직각(수평)방향을 향하고 있는 카르보닐 산소 C=O와 amide 수소 N-H가 분자내 수소결합을 위해 사용된다. 아미노산 잔기는 수직방향으로 뻗어있다.

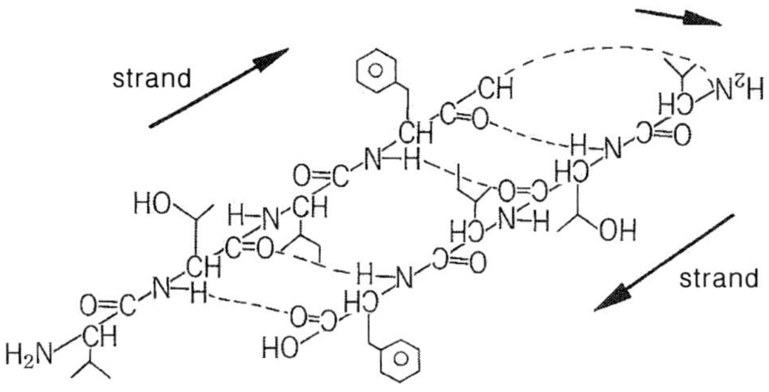

그림 12-10 β-sheet. β-strand간의 분자내 수소결합에 의해 형성된다. strand간은 bend 또는 turn에 의해 결합되어 있다.

β-strand는 단독으로 존재하지 않고 단백질 중의 다른 β-strand와 나란히 분자내 수소결합을 형성한다. 이것에 의해 대표적인 2차구조의 하나인 β-sheet가 형성된다(그림 12-10).

β-strand는 3~10잔기 정도의 아미노산으로 구성되고 이들이 모여서 접힌 커튼과 같은 sheet상의 구조를 형성한다. 전형적인 sheet 구조는 효소인 carbonic anhydrase에서 볼 수 있다. 이 단백질의 경우 sheet구조는 β twist라고 불리는 구부러진 평면을 형성한다(그림 12-11).

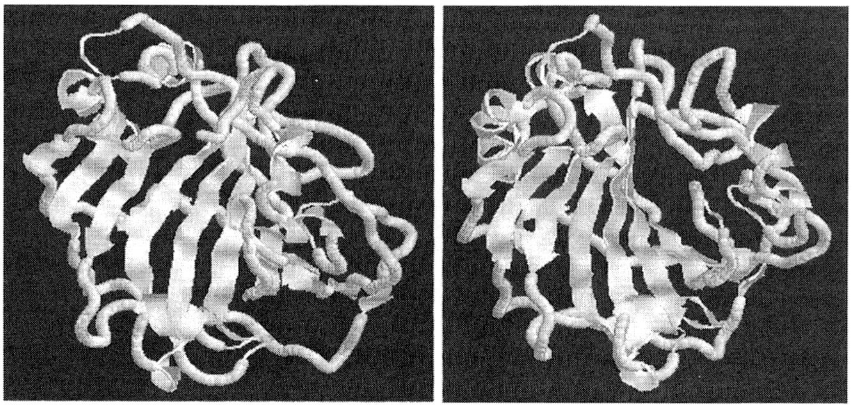

그림 12-11 사람에서 보이는 β twist 구조(Protein Data Bank에서 전재, ID:1CA2). 다수의 β-strand로 구성된 β-sheet가 넓은 평면을 형성하고 있다. 좌우 그림은 조금 다른 각도에서 본 β twist.

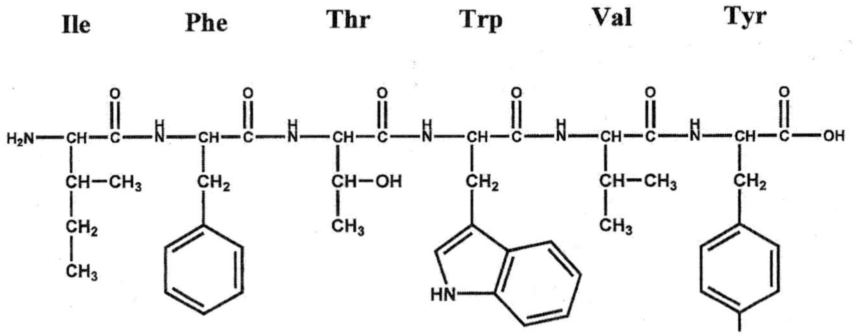

그림 12-12 β-sheet에 많은 아미노산 잔기. β번째에서의 분지구조 또는 방향환의 존재가 특징.

12. 3. 2 β-sheet를 형성하기 쉬운 아미노산

β-sheet에 출현하기 쉬운 아미노산은 이소루이신(Ile), 페닐알라닌(Phe), 트레오닌(Thr), 트립토판(Trp), 발린(Val), 티로신(Tyr)의 6종류이다(그림 12-12). 이들 아미노산 잔기의 특징은 β탄소 C_β에서 신장한 관능기(Phe, Trp, Try) 또는 분지쇄(Ile, Thr, Val)이다. 이들은 근접한 아미노산 간의 입체장해를 일으키기 쉽고, 보다 compact한 α-helix의 형성에는 적합하지 않기 때문에 그 결과로서 β-sheet에 나타나기 쉬운 것으로 생각된다.

12. 4 turn과 bend

12. 4. 1 관절구조

α-helix와 β-strand는 어느 쪽도 그들 자신이 비교적 compact한 구조를 가지지만 1차원 방향으로 신장한 구조만 가지기 때문에(그림 12-13) 이대로는 방향전환을 필요로 하는 접힌 입체구조를 형성할 수 없다. 여기서 이들 2차구조의 방향을 전환 시키거나 β-strand사이를 결합 시키는 관절의 부분이 필요하게 된다. 이것이 turn과 bend로 불리는 2차구조이다.

Turn과 bend는 helix와 sheet와 같은 특징적인 형태를 가지지 않고, 소위 유연

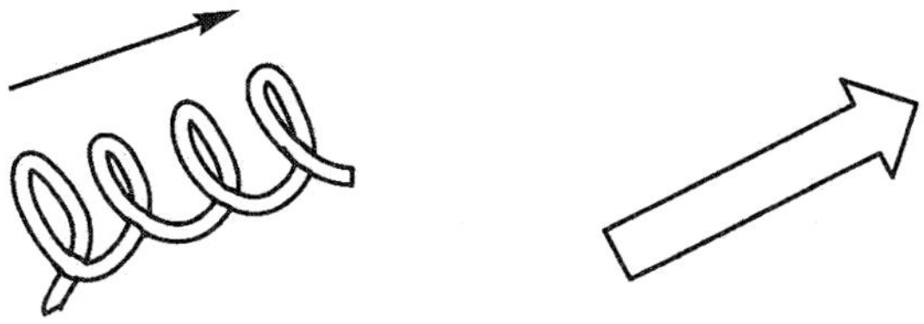

그림 12-13 α-helix(좌)와 β-strand(우)는 1차원 방향으로 신장한 compact한 구조.

한 입체구조를 형성하기 때문에 관절의 역할을 수행한다. 그 때문에 접혀서 굽은 부분은 단백질 분자의 표면에 노출되기 쉽다. 또 비교적 안정한 구조인 α-helix와 β-strand를 적극적으로 파괴하고 단백질에 유연성을 부여하는 특징도 함께 가지고 있다. 만약 단백질 분자에 turn과 bend가 없다면 낮은 potential의 N상태에 있어 폭넓은 구조의 흔들림(그림 12-2)도, 수용체에 있어서 정보전달의 중계기지로서의 기능도 생기지 않을 것이다. 이 의미에서 2차구조는 어느 쪽도 중요하다고 할 수 있다.

전자전달 기능을 가진 thioredoxin은 아주 적당한 비율로 α-helix와 β-sheet를 가지는 단백질이다. 이 단백질에 있어 α-helix와 β-strand가 turn과 bend에 의해 어떤 식으로 결합하고 또한 turn과 bend가 관절과 같은 역할을 해서 접히는 것이 가

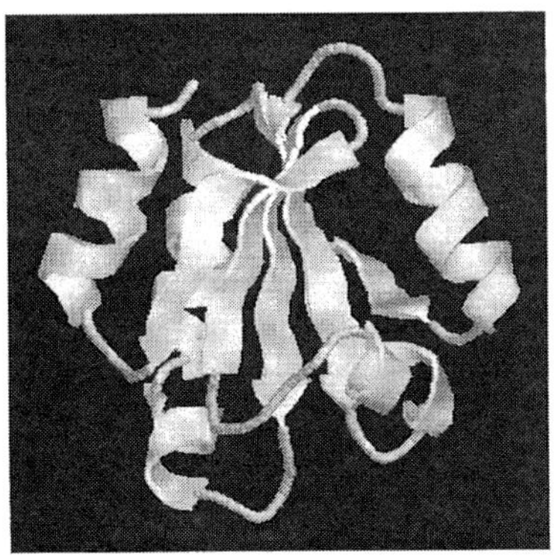

```
Number of Alpha   5     Content of Alpha 39.05
Number of Beta    6     Content of Beta  27.62

  1 MVKQIESKTA FQEALDAAGD KLVVVDFSAT WCGPCKMIKP FFHSLSEKYS
      EEE SHHH HHHHHHHTTT SEEEEEEE T TTHHHHHTHH HHHHHHHH T

 51 NVIFLEVDVD DCQDVASECE VKCMPTFQFF KKGQKVGEFS GANKEKLEAT
    TEEEEEEETT TTHHHHHHTT    SSSEEEEE ETTEE EEEE S  HHHHHHH

101 INELV
    HHHTT
```

그림 12-14 사람 티오레독신(Thioredoxin)의 입체구조와 1차 및 2차 구조 정보(Protein Data Bank에서 전재, ID:1A6C). α-helix와 β-strand를 접합하는 끈과 같은 2차구조인 turn(T)과 bend(S)는 분자 표면에 노출되기 쉽다.

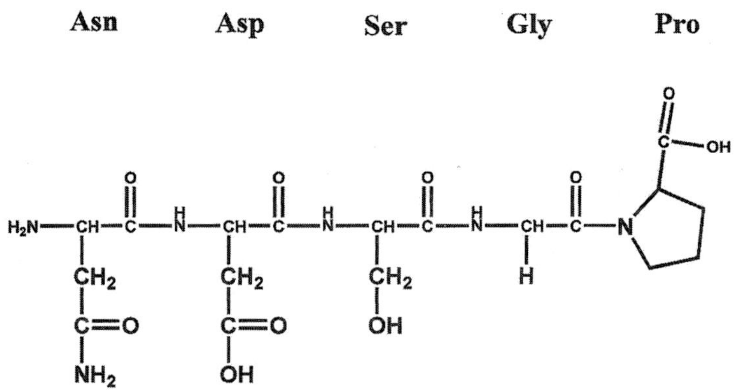

그림 12-15 turn과 bend에 잘 나타나는 아미노산 잔기.

능한가를 나타내었다(그림 12-14). 잘 살펴보면 turn과 bend 부분이 단백질의 표면에 노출되어 있다는 것을 알 수 있다.

12. 4. 2 turn과 bend에 나타나기 쉬운 아미노산

Turn과 bend에 나타나기 쉬운 대표적인 아미노산은 프롤린(Pro)와 글리신(Gly)이다. 그 외에 아스파라긴(Asn), 아스파라긴산(Asp), 세린(Ser)이 있다(그림 12-15). 이 중에서 아스파라긴과 아스파라긴산은 β-strand를 파괴하기 쉽고 프롤린, 글리신, 세린은 α-helix를 파괴하기 쉽다. 또 turn과 bend는 관절과 같은 역할을 가지기 때문에 단백질의 표면에 노출되기 쉽고, 용매분자와 화학물질 등으로부터 공격을 받아 단백질 분해의 기점이 되는 경우가 많다.

12. 5 아르기닌은 어디에도 나타난다.

이상에서 2차구조와 그곳에 특징적으로 출현하는 아미노산 중에는, 20 종류의 아미노산 중 아르기닌(Arg)만이 유일하게 포함되어 있지 않다. 아르기닌은 특정의 2차구조에서 출현빈도와의 상관관계가 낮고, 어떤 2차구조에도 출현할 가능성이 있다. 아르기닌 잔기는 guanidino기에서 유래하는 강한 염기성을 나타내고 수용액 중에서는 proton화하여 guanidium으로 존재한다(그림 12-16).

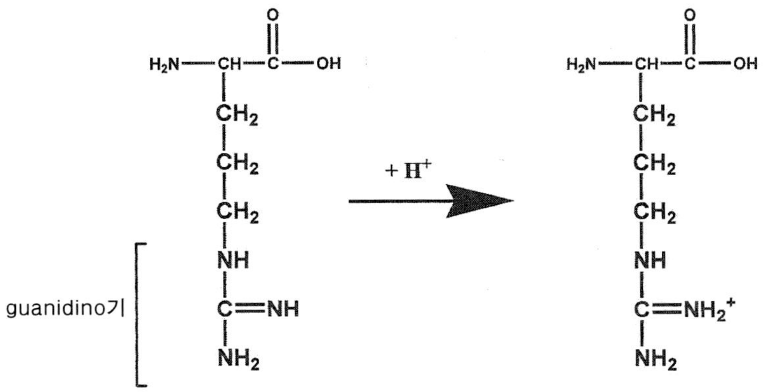

그림 12-16 어떤 2차구조에도 출현하는 아르기닌. guanidino기(좌)는 proton화하여 정이온의 guanidium(우)로 되기 쉽다.

12.6 원편광 이색성을 사용한 2차구조의 해석

단백질의 2차구조를 해석할 수 있는 가장 뛰어난 방법은 원자배치까지 결정해 주는 X선 결정구조 해석법이다. 결정구조 해석에서는 NMR도 가능성이 있지만 분해능이 낮은 단백질 해석까지는 기술이 완성되어 있지 않다. 결정화할 수 없는 단백질의 2차구조 해석의 경우에는 용액 구조의 해석에 NMR을 사용하는 경우도 있지만 아직 질량의 한계(10,000 Da 정도까지)가 있을 뿐만 아니라 해석에 시간이 너무 많이 걸린다. 현재 단백질 2차구조의 함량을 간단하게 계측하는데 이용되고 있는 방법은 원편광 이색성(Circular dichroism, CD)법이다.

원편광 이색성은 직선편광이 **광학활성**을 가진 시료를 통과할 때에 빛이 흡수되는 것에서 생기는 현상이다. 직선편광은 좌우에 같은 강도로 진동하는 두가지의 편광성분(우원편광과 좌원편광)으로 나눌 수 있다. 광학 활성을 가지는 물질은 우원편광과 좌원편광의 사이에 어느 쪽을 강하게 흡수하는 성질이 있기 때문에 투과한 원편광은 좌우의 진동강도가 다르다. 이때에 좌·우 원편광을 흡수하는 물질에 따라 **흡광도** ε의 차(ε_L-ε_R)가 생기고 이를 원이색성이라고 한다. 광학활성을 가진 물질을 투과한 직선편광은 타원 편광이 되지만 이때 생기는 원이색성의 크기를 타원률이라고 한다. CD 스펙트로의 가로축은 흡수파장을 나타내고, 세로축은 각 파장에서 흡광도의 차(δ_ε=ε_L-ε_R)로 정 또는 부가 된다(그림 12-17).

단백질 또는 폴리펩타이드에 대한 CD법은 주로 100~400nm의 자외선 중에

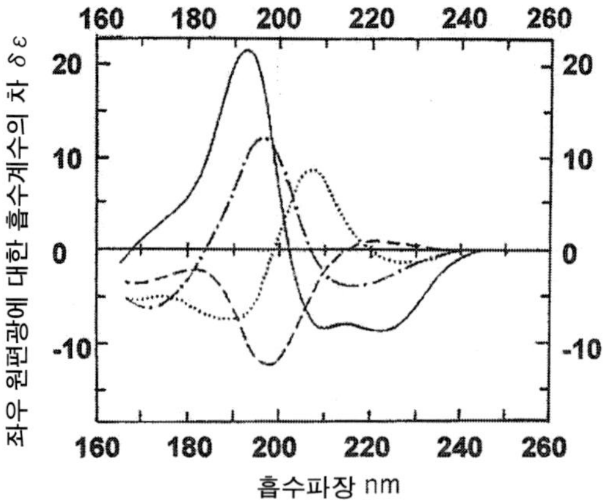

그림 12-17 폴리펩타이드의 CD 스펙트로. 2차구조에 특유의 흡수 위치(W.C Johnson, Jr., Annu. Rev. Biophys. Chem., 17 (1998) 145를 참고로 전재)

서 200 nm 주위에 흡수대를 가진 카르보닐 발색단의 분자궤도 에너지의 **전자여기**($\pi \rightarrow \pi^*$천이, n$\rightarrow \pi^*$천이)를 이용한 것이다. $\pi \rightarrow \pi^*$는 펩타이드 주사슬 상의 카르보닐기(C=O)의 이중결합 중에서 결합성 π 궤도에서 반 결합성 π^* 궤도로의 전위를 나타내고, n$\rightarrow \pi^*$는 산소원자 **고립전자대**(Biradical)의 비결합성 n 궤도에서 π^* 궤도로의 천이를 나타낸다. 이들 에너지 값은 수소결합과 소수성 결합의 유무 등 카르보닐기의 주위환경에 의해 다르기 때문에 α-helix, β-strand, turn, bend 등의 2차구조에 특이적인 흡수위치를 나타낸다. 또 흡수강도는 2차구조의 양을 반영하기 때문에 정량평가도 가능하게 된다. 전형적인 흡수 위치는 다음과 같다(그림 12-17).

- α-helix는 222nm 부근에서 최소값을 가지고 n$\rightarrow \pi^*$ 천이 유래 부의 $\delta\varepsilon$을 나타낸다. 동시에 208nm 부근에서는 $\pi \rightarrow \pi^*$ 천이의 평행성분에 유래하는 부의 $\delta\varepsilon$를 나타내고 190nm 부근에서는 $\pi \rightarrow \pi^*$ 천이의 수직성분에서 유래하는 정의 $\delta\varepsilon$를 나타낸다.
- β-strand 특유의 흡수대로서 215nm 부근에서는 $\pi \rightarrow \pi^*$ 천이의 평행성분에서 유래하는 부의 $\delta\varepsilon$가 나타나고, 198nm 부근에서는 $\pi \rightarrow \pi^*$ 천이의 수직성분에서 유래하는 정의 $\delta\varepsilon$이 관측된다.

12.7 감염성 인지증 프리온병은 2차구조의 형성 이상이 원인

광우병의 원인 단백질인 프리온 단백질은 사람에서도 존재하고 정상형은 253개의 아미노산 잔기로 구성된 **막 단백질**이다. 프리온(prion)이라는 명칭의 유래는 단백질(protein)과 감염(infection)의 합성어이다. 프리온 단백질은 간단하게 PrP라고 칭하고 그 의미는 Prion Protein에서 유래되었다. 정상형의 프리온 단백질은

Number of Alpha	5	Content of Alpha	49.04
Number of Beta	2	Content of Beta	3.85

Leu125

```
  1 LGGYMLGSAM SRPIIHFGSD YEDRYYRENM HRYPNQVYYR PMDEYSNQNN
        EE  B           SSH HHHHHHHHTG GGS SB EE    TTT    SSH

 51 FVHDCVNITI KQHTVTTTTK GENFTETDVK MMERVVEQMC ITQYERESQA
    HHHTHHHHHT HHHHHHHHHH T      HHHHH HHHHHHHHHH HHHHHHHHTT

101 YYQR
    TTTT
```

Arg228

그림 12-18 정상적인 사람 유래 프리온 단백질의 1차 및 2차구조 정보.

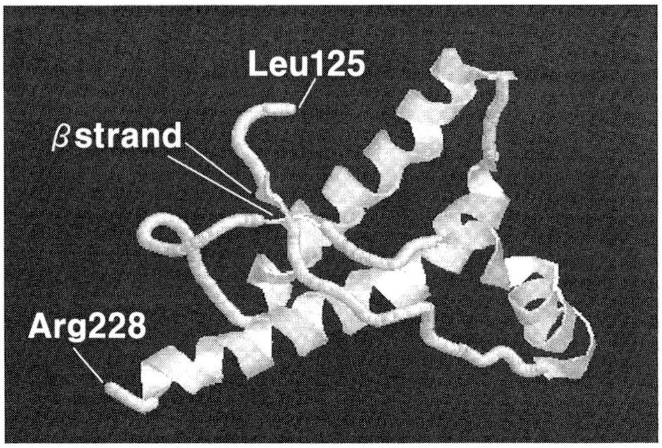

그림 12-19 정상형 프리온 단백질의 입체구조는 α-helix가 풍부하다 (Protein Data Bank에서 전재, ID:1HJM).

cellular isoform의 C를 붙여 PrP^c로 약칭한다. PrP^c의 입체구조는 비교적 α-helix가 풍부하다. 루이신125에서 아르기닌228까지의 정상형 프리온 단백질의 1차 및 2차구조 정보(그림 12-18), 및 그것에 해당하는 입체구조를 그림 12-19에 나타내었다. PrP^c는 작은 β-strand(그림 12-18의 EE 및 그림 12-19 참고)가 두 곳 존재하지만 α-helix(H)의 점유율이 매우 높은 것을 알 수 있다.

정상형 PrP^c에는 β-sheet가 차지하는 비율이 3.85%에 지나지 않지만 변이형 PrP^{Sc}가 되면 30%를 차지하게 된다. 여기에서 PrP^{Sc}의 Sc는 양이 걸리는 병인 스크래피(scrapie)에서 유래하였다. 정상형과 변이형은 아미노산 서열이 같지만 2차구조에서 전환이 일어난다는 것이 특징이다. 그러나 PrP^{Sc}는 효소 분해에 내성을 가지는 것 외에 계면활성제에도 불용성이기 때문에 연구가 어렵고 정상형에서 변이형으로의 전환 원인 및 고차구조도 해명되지 않았다.

제 13 장

단백질의 동정과 질량분석

단백질의 입체구조가 X선 결정구조해석에 의해 밝혀질 때까지 약 반세기가 걸렸고 현재는 용액 중에서 동요하는 단백질의 구조가 NMR에 의해 밝혀지고 있다(제 7장 참고). 이들 단백질 연구에서 노벨 화학상은 1962년에 X선에 대해서 수여되었고, 2002년에는 NMR에 대해 수여되었다. 또한 2002년에는 단백질의 질량분석(mass spectrometry, MS)연구에 대해 2건의 노벨 화학상이 수여되었다(제 1장 참고). 이것은 단백질 연구자와 질량분석학자들의 오랜동안 꿈인 100kDa에 달하는 큰 질량의 단백질을 기체상의 이온(gaseous ion)으로 바꾸는 소프트이온화 기술의 개발에 관한 것이었다. 단백질을 기체상의 이온으로 바꾸는 소프트이온화법의 개발은 그 이전의 단백질 연구와는 완전히 모양을 바꾸어 기초연구자 뿐만 아니라 세계적인 제약기업과 의료기관을 포함시켜 유전자 해석과 하나가 된 커다란 분야를 만들게 하였다. 관련된 키워드는 Genomics, Proteomics, Bioinformatics 등을 들 수 있다. 여기서는 Proteomics의 주 목적인 단백질의 동정에 있어서 질량분석법에 관한 방법을 알아보자.

13. 1 단백질의 질량분석

단백질의 X선 결정구조해석과 단백질의 NMR해석에서는 제각기 단결정 단백질 및 수용액 중 단백질의 입체구조를 결정하는 것이 주요한 목적이다. 한편 단백질의 질량분석은 단백질을 동정하는 것이 주요한 목적이다(그림 13-1). 따라서, 미리 알고 있는 게놈(유전자의 염기서열)정보를 바탕으로 동, 식물의 각 조직에서 추출한 단백질이 DNA상의 어디에 code된 유전자에 해당하는지를 알 수 있다. 이러한 정보가 얻어지면 central dogma에서 DNA로부터 단백질의 발현에 이르는 정보의 흐름을 추적할 수 있고, splicing의 정보를 얻을 수도 있다(제 5장 참고).

단백질의 질량 스펙트럼(mass spectrum)에 의한 해석이 X선 및 NMR해석과 크게 다른 점은 **질량분석**에서는 단백질 그 자체를 직접 분석하는 것은 거의 없고,

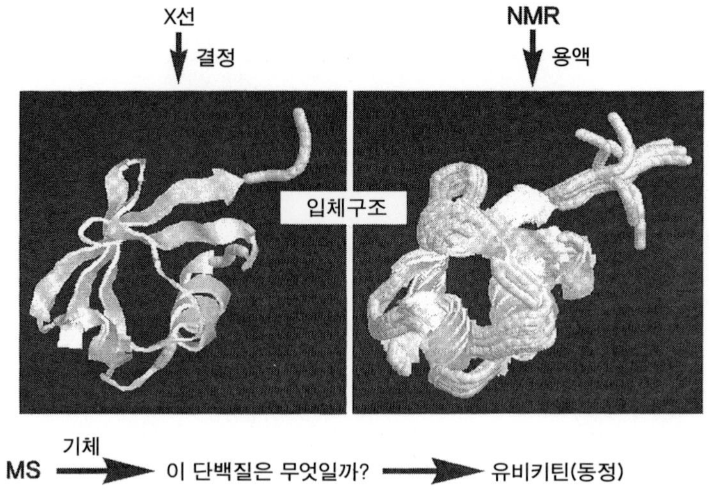

그림 13-1 단백질의 질량분석(MS)은 X선과 NMR과는 크게 다르다. X선에서는 결정 시료로, NMR에서는 용액시료로, MS에서는 시료를 기체상 이온으로 변환하여 분석한다. 위 그림에 대해서는 그림 7-16을 참고.

효소로 가수분해 하여 폴리펩타이드로부터 분석을 행한다는 것이다. 그 폴리펩타이드 시료도 우선 기체상의 이온이 되고 나서 분석된다는 것도 커다란 차이점이다. 즉, 펩타이드의 질량분석을 행하거나, 펩타이드의 아미노산 서열을 결정하거나 거기에서 얻어진 **질량분석정보**를 사용하여 단백질의 동정을 행하는 것이다.

단백질을 직접 분석하던지 폴리펩타이드로 분석하던지 어느 쪽도 질량분석에서 단백질의 동정이 가능했던 것은 pico mol(10^{-12} mol)이하의 미량 펩타이드와 단백질의 질량이 간단하게 결정될 수 있었기 때문이다. 즉 1980년대에 단백질을 이온화 할 수 있는 기술이 개발되었다(제 1장 참고). 또한 질량분석에 의한 단백질의 동정 속도가 가속화 된 것은 그 후 장치 개량의 역할이 매우 컸다.

13. 2 단백질 연구를 위한 질량분석장치

질량분석의 주요한 목적은 원자, 분자, cluster 등의 질량을 계측하는 것이다. 다른 분석 장치와의 큰 차이점은 원자, 분자, cluster 등의 시료를 기체상의 이온으로 변환해야 된다는 점이다. 질량분석장치는 진공 상태의 전자기장 하에서 일어나는 이온 운동을 기본으로 설계되어 있기 때문에, 어떤 시료도 전하를 가진 기체상의 이온이 될 필요가 있다. 이 제약은 아주 엄격하기 때문에 기체상 이온을 만드는 기술은 1세기에 걸친 개발의 역사가 있고, 아직도 새로운 이온화법의 개발이 계속되고 있다. 단백질 분석에 사용되는 전형적인 질량분석장치의 모식도를 그림 13-2에 나타내었다. 단백질의 동정과 구조 연구에 사용되는 질량분석장치는 단백질과 그 효소소화물인 펩타이드를 분해하지 않고 이온화 할 수 있는 ion source(소프트 이온화 이온원)와 생성된 단백질 이온과 펩타이드 이온의 질량을 고도로 분리할 수 있는 부분(질량분리장치)으로 구성 되어 있다. **질량 분석부**에는 특정 질량 이온만을 선별하는 부분과 선택한 이온을 강제적으로 분해하기 위한 부분이 있다. 또한 분해해서 생긴 이온의 질량을 분석하는 질량분리부도 갖추어진 것이 많다. 이와 같은 다양한 기능을 가진 것을 직렬(tandem)형 질량분리장치라고 하고, 특히 아미노산 서열 해석 등을 행할 때 빠질 수 없는 기능이다. 그림 13-2에서는 이온원에서 생성된 이온을 질량분리부까지 운반하는 ion guide와 다른 형태의 질량분리장치(ion trap형과 비행시간형)를 직렬로 결합한 질량분석장치를 나타내고 있다. 다음은 질량분석에 있어 단백질의 이온화법과 단백질 이온의

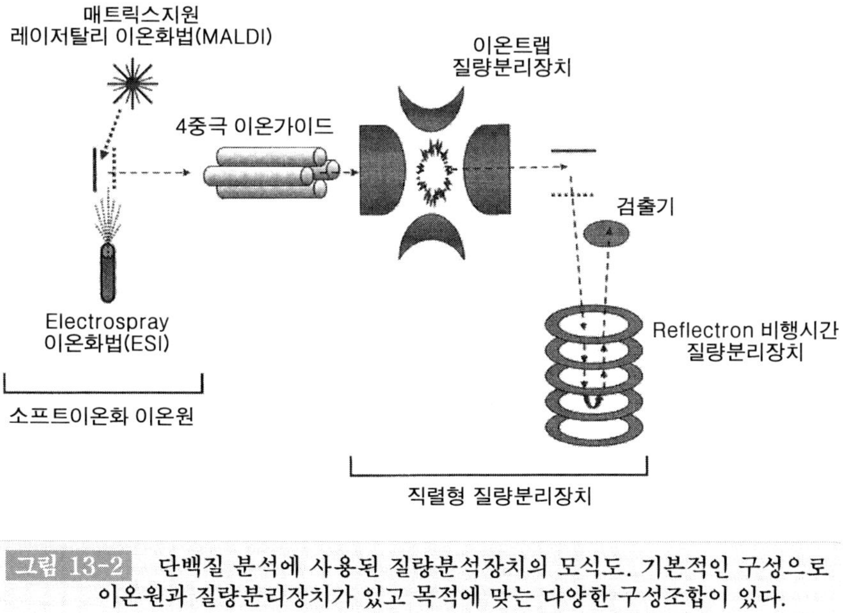

그림 13-2 단백질 분석에 사용된 질량분석장치의 모식도. 기본적인 구성으로 이온원과 질량분리장치가 있고 목적에 맞는 다양한 구성조합이 있다.

분리법에 대해서 알아보자.

13. 2. 1 단백질 이온을 만들기 위한 소프트 이온화법

단백질과 펩타이드를 이온화 하는 것은 일렉트로스프레이 이온화(electrospray ionization, ESI)법과 메트릭스지원레이져탈리이온화(matrix-assisted laser desorption/ionization, MALDI)법이 사용된다. 이들 이온화법의 원리는 전혀 다를 뿐만 아니라 같은 단백질과 펩타이드에서도 얻어지는 스펙트럼의 패턴이 전혀 다르다. 예를 들면 상대분자질량 M_r 29,023의 Human carbonic anhydrase II라는 단백질의 ESI mass spectrum과 MALDI mass spectrum을 비교해 보면 그 차이점을 알 수 있다(그림 13-3). 즉 ESI에서는 spectrum의 세로축(m/z)이 800에서 2000 Th까지 밖에 나타나 있지 않지만 MALDI에서는 2000에서 30000 Th까

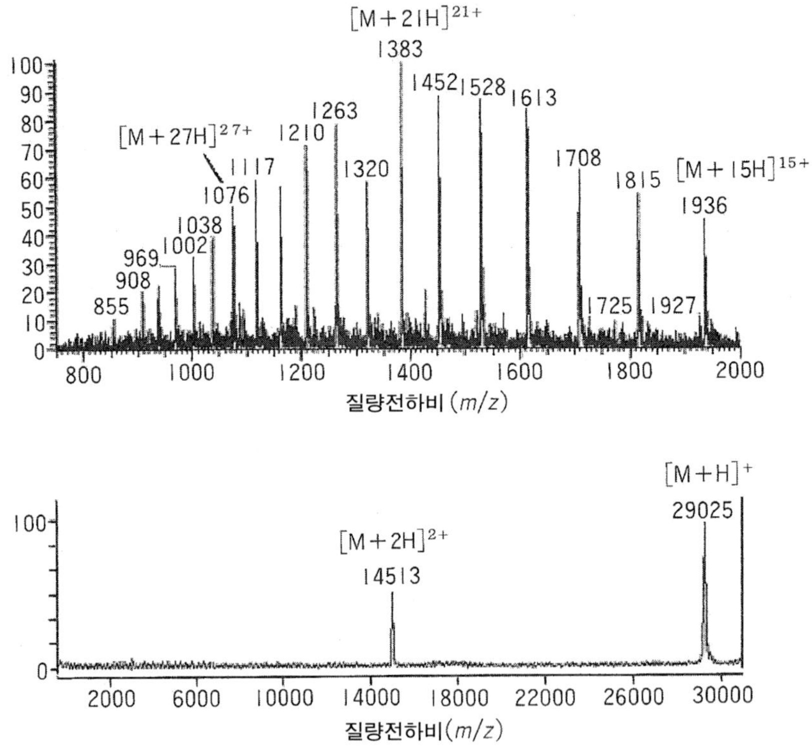

그림 13-3 Human carbonic anhydrase II(상대분자질량 M_r 29,023)의 ESI mass spectrum(상)과 MALDI mass spectrum(하).

지 표시되어 있다. Mass spectrum의 세로축은 이온의 질량 *m*을 전하수 *z*로 나눈 값으로 질량전하비 *m/z*로 나타내고 그 단위는 Th(Thomson)이다. 차이점은 세로축 표시뿐만 아니라 관측되는 peak 패턴에서도 나타나고 있다. 이 차이점의 원인은 생성하는 이온의 전하수 *z*가 다르기 때문이다. 전하수는 단백질에 부과되는 proton의 수, 단백질에서 해리한 proton의 수 또는 분자에서 탈리하거나 부과되는 전자의 수이다. 즉 proton과 전자 등은 단위전하(전기소량 *e*라고도 하고 +에서도 –에서도 같은 값을 가짐)를 가지고 그 전하의 수를 전하수라고 한다.

그림 13-3에 나타난 spectrum의 차이점은 ESI와 MALDI에서 이온화의 특성이 다른 점에 원인이 있다. 그림 13-3의 mass spectrum은 어느 쪽도 질량 *m*의 단백질에 *n*개의 proton(H^+)이 부가되어 생성된 정이온의 peak가 관찰되고 있지만 ESI와 MALDI에서는 부가된 proton의 수가 완전히 다르다. 이것을 이해하기 위해서는 각 peak의 *m/z*값, 즉 mass spectrum의 세로축이 다음 식에서 계산된다는 것을 알아야 한다.

$$m/z=[m+n\times m_{\mathrm{H}}]/n \qquad (13.1)$$

여기에서 m_{H}는 proton의 질량이다. 그림 13-3의 ESI mass spectrum에서 관찰된 20개에 가까운 peak의 *m/z*값은 (13.1)식에서 계산된 값이고, proton의 부가수 *n*은 다른 다수의 이온이 생성되어 있다는 것을 나타내고 있다. 즉 ESI의 특성은 다수의 proton이 부과된 다가 이온 즉, 다가 proton화 분자 $[M+nH]^{n+}$가 생성되는 것이다. 한편 MALDI mass spectrum에는 proton이 1개에서 2개 정도 부가된 proton화 분자의 peak가 관찰되고 있을 뿐이다. 이것이 MALDI의 이온화 특성이고 ESI와는 전혀 다르다.

(a) Electrospray 이온화(ESI)

ESI는 지금까지 개발된 이온화법 중에서 가장 소프트하고 구조적으로 불안정한 수소결합의 복합체 등도 분해하지 않고 기체상으로 이온화 할 수 있다(그림 13-4). 이온원은 고전압계(수천볼트)와 질소기류에 의한 분사장치로 구성된다. ESI에 있어 분사는 전기역학적 현상이고 시료가 흘러나오는 캐피러리(Capillary) 끝에 설치된 금속에 부가되는 전압 *V*와 그것에 의해 생기는 금속 선단의 전계(電界)강도 *E*가 어떤 값 이상으로 될 때에 발생한다. 전계강도는 (13.2)에서 주어지고 대체로 금속선단의 곡율반경 *r*에 반비례한다.

$$E=2V/[r\ \ln(4d/r)] \qquad (13.2)$$

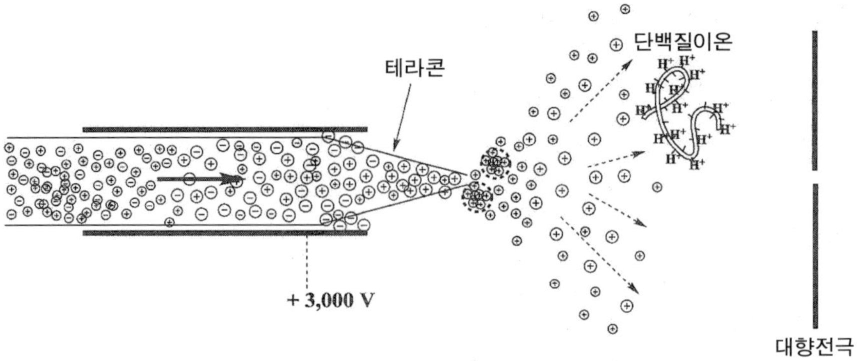

그림 13-4 Electrospray ion화법에 있어서 단백질 이온의 분사. 단백질 이온이 생성되는 쪽은 대기압이고 생성된 단백질 이온은 반대쪽 전극에 뚫린 구멍을 통과하여 진공 속으로 들어가 분리된다.

여기에서 *d*는 반대쪽 전극까지의 거리를 나타낸다. 전압이 부가되면 금속부분의 선단이 얇으면 얇을수록 전계강도가 높아지고 낮은 전압에서도 분사가 발생하게 된다. 이와 같이 내경이 수 십 μm의 아주 작은 얇은 관에서 분사되는 경우를 Nanoelectrospray라고 한다. 캐피러리 안을 흐르는 펩타이드와 단백질 용액은 용액 중에서 이미 염기성부분과 산성부분이 이온화 되어 있다. 거기에 분사직전에 정 또는 부의 전압을 부과하면 정이온이 많은 부분과 부이온이 많은 부분으로 분리된다. 정전압이 부과되면 정이온이 캐피러리의 중심부근에 모인다. 이것은 정이온에서 proton의 농축효과를 발생시켜 단백질의 염기성부위에 proton 부가를 촉진시키는 효과를 가진다. 정이온이 많은 중심부분이 캐피러리 선단에 도달하면 정이온이 풍부한 용액은 전기적인 힘(크론력)에 의해 신장된다. 이 원추상으로 신장된 액체를 테라콘(terracon)이라고 하고 선단을 향해 반경이 감소하기 때문에 선단에서는 정이온의 밀도가 다시 높아진다. 신장된 테라콘이 액체상태인 이유는 표면장력이 강하기 때문이다.

테라콘의 선단에서 정이온의 농도가 다시 높아지면 크론 반발력이 표면장력을 앞지르고 마침내 임계적인 반경에 도달한다. 이때에 액체상태는 유지되지 않고 펩타이드와 단백질의 다가 proton화 분자가 폭발적으로 증발(크론 폭발)한다. 이것이 ESI의 분사현상이고 정이온 간의 반발력에 의해 스커트(skirt)상으로 퍼져가는 것이 특징이다(그림 13-5).

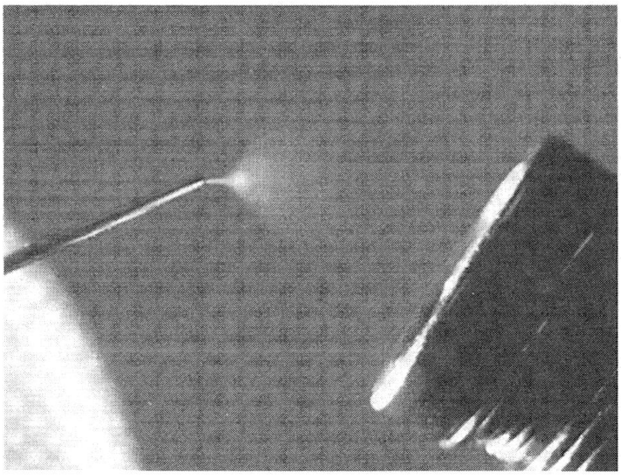

그림 13-5 고전압의 부과에 따른 금속관((좌)내경 30㎛)선단에서 유출된 액체 이온화 분사의 모습을 우측의 CCD카메라에서 관찰하고 있는 모습. 오른쪽을 향해 액체가 분사되어 스커트상으로 퍼지는 것은 분사된 액체가 이온으로 되어 크론 반발이 일어나고 있다는 증거. 그림은 분사된 기체를 좌측하단 방향에서 조명을 비추어 그 산란광을 관찰한 것.

(b) 매트릭스지원레이져탈리이온화(MALDI)

MALDI는 결정성의 유기화합물(matrix라고 부름, 그림 13-6)에 단백질과 펩타이드를 섞어 혼합결정을 만들고 거기에 펄스레이져광을 조사해 이온화하고 기체 중에 분사하는 방법이다(그림 13-7). 혼합비율은 몰비로 시료 1에 대해 matrix 10,000정도이고 레이저광을 흡수하는 matrix를 과잉상태가 되게 한다. 이와 같이

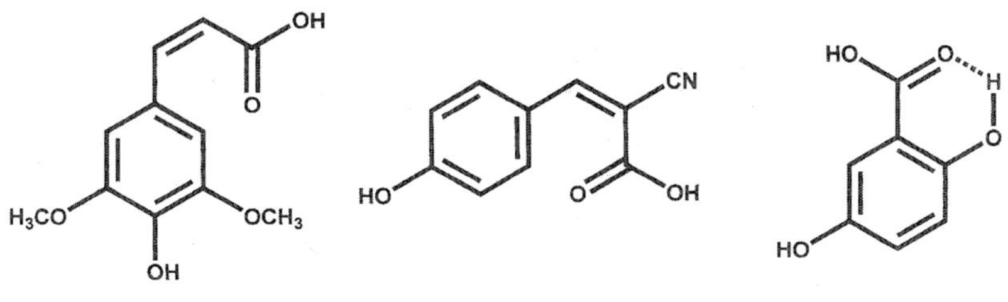

(a) (b) (c)

그림 13-6 단백질과 펩타이드를 이온화하기 위해 사용되는 이온화 시약인 결정성 matrix. (a) 시나핀산, (b) α시아노-4-하이드록시안식향산, (c) 2,5-디하이드록시안식향산.

레이져광의 대부분은 matrix에 흡수된다. 혼합 할 때에는 단백질과 펩타이드의 절대량이 수 피코몰(picomol)정도가 되도록 조제하면 좋다. 레이져광에는 질소 레이져(337nm)가 가장 많이 사용되고 이것에 적합한 결정성 matrix로서 시나핀산, 2,5-디하이드록시안식향산, α시아노-4-하이드록시안식향산이 사용된다(그림 13-6).

위에 기술된 것처럼 MALDI에서는 시료에 레이져광을 조사해도 단백질이 분해되는 일은 거의 없다. 그 이유는 레이져광 에너지의 대부분이 matrix에 흡수되고 여기 매트릭스(excitation matrix)의 생성과 집단적인 폭발을 일으키는 일에 사용되기 때문이다. 단백질은 폭풍을 타고 기체상으로 부상하면서 여기 매트릭스와 proton(H^+)를 주고 받아 이온화된 proton화 분자$[M+H]^+$와 $[M+2H]^{2+}$를 생성한다(그림 13-7).

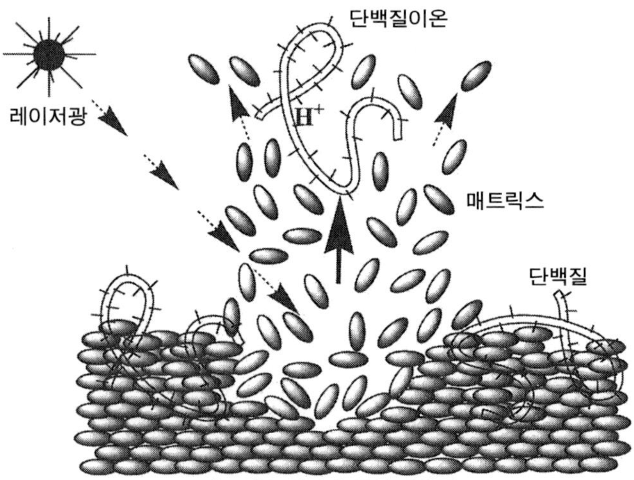

그림 13-7 매트릭스지원레이저탈리이온화에 있어 단백질 이온화와 폭발적 부상 형태. 단백질은 부상과 동시에 matrix에서 proton을 받아 proton화 분자 $[M+H]^+$가 된다.

13. 2. 2 단백질 이온을 분리하기 위한 장치

위에 기술한 것처럼 소프트이온화법을 사용해 단백질 이온을 만들고 그 질량 전하비(*m/z*)를 계측하는 것은 간단하다. 그러나 단백질의 동정을 위해서는 정

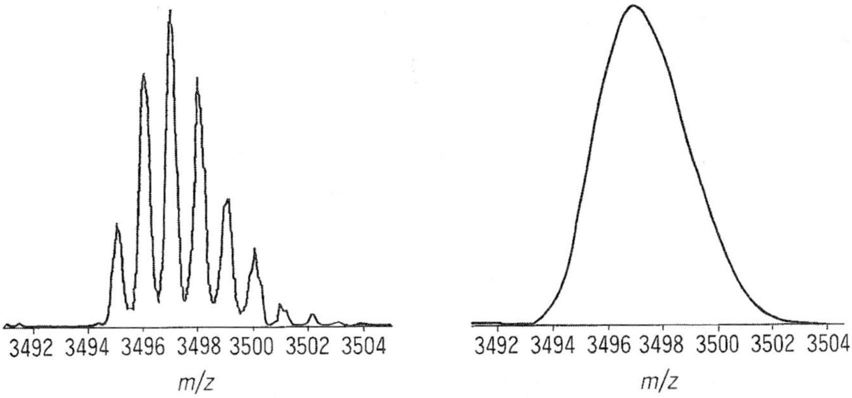

그림 13-8 인슐린 B쇄(상대분자 질량 M_r 3495.9)의 proton화 분자 $[M+H]^+$의 peak. 고성능의 분리장치에서 측정한 mass spectrum은 동위체 구성에 따라 분리 peak군이 주어진다(좌). 성능이 낮은 장치에서는 각 동위체 peak는 분리되지 않고 proton은 같은 한 개의 peak가 된다(우).

확한 질량분석 정보를 얻기 위해 성능이 높은 질량분리장치를 사용할 필요가 있다. 예를 들면 질량분해능이 높은 장치에서 계측하면 동위체 조성이 다른 복수의 이온 peak까지 관찰되고 분해능이 낮은 장치에서는 폭이 넓은 하나의 peak밖에 관찰되지 않는다(그림 13-8의 우측그림). 그림 13-8은 인슐린 B쇄의 proton화 분자 $[M+H]^+$의 peak이다. 인슐린 B쇄는 아미노산 30잔기에서 시스테인7과 시스테인19가 술폰화(-SO_3H)된 펩타이드로 $C_{157}H_{232}N_{40}O_{47}S_2$(상대분자질량 M_r 3495.89)의 분자식을 가진다. 이 proton화 분자의 Monoisotopic mass(천연동위체를 최대 동위체의 질량으로 계산)은 3494.6513u이고 평균질량(상대원자질량에서 계산)은 3496.90이다. 그림 13-8의 좌측그림의 peak중에서 좌측의 m/z 3495부근에 관찰되고 있는 peak의 질량이 모노아이소토픽 질량(Monoisotopic mass)이고 주이온이라고 부른다. 주이온보다 높은 m/z값에서 관찰되는 peak는 동위체 이온의 peak이다. 우측 그림의 peak 중심은 proton화 분자의 평균질량과 동일하다. 그러나 성능이 낮은 분리장치에서 얻어지는 질량분석정보에는 단백질을 동정할 때에도 부정확한 결과밖에 얻어지지 않는다. 또한 생성이온에서 다양한 질량분석정보를 얻기 위해서는 목적에 맞는 분리장치를 선택할 필요가 있다. 여기에서는 단백질의 동정 즉, 프로테옴 해석에 사용되는 질량분리장치에 대해서 알아보자.

단백질의 동정에 이용되는 질량분석정보에는 단백질이 아닌 효소소화한 폴리펩타이드의 질량 전하비(m/z)가 사용되고 그 값은 10,000Th이하인 경우가 많다. 이 때문에 자주 사용되는 질량분리장치는 4중극 이온트랩(quadrupole ion trap, QIT), 선형 이온트랩(linear ion trap, LIT), 3연4중극(triple quadrupole, QqQ), 리프랙트론 비행시간(reflectron time-of-flight, RETOF)형이고 또는 이것을 조합한 tandem형 질량분석장치이다(그림 12-2참고). tandem은 직렬의 의미로 질량분리장치가 2대 연결되어 있는 장치를 tandem MS(MS/MS)라고 한다. 어느 것이라도 필요한 것은 이온원에서 생성한 펩타이드 이온을 그림 13-8의 좌측 그림과 같이 1원자 질량단위(unified atomic mass, u)마다 분리한 peak로서 검출할 수 있는 장치이다. 펩타이드 이온을 장치 중에 분해하고 아미노산 배열 등의 정보를 얻기 위해서는 tandem MS의 기능을 갖춘 장치가 필요하다. 전형적으로 위에서 열거한 QIT, LIT, QqQ, QqQ/RETOF, QIT/RETOF 등이 그것에 해당한다. 예를 들면 substance P(상대분자질량 M_r 14347.6)의 proton화 분자 $[M+H]^+$를 RETOF 장치 중에서 분해하면 그림 13-9와 같이 proton화 분자가 분해해서 생성된 생성이온 spectrum이 얻어진다. 이 안에 관측된 peak 각각의 상단에 기록되어 있는 m/z 값이 아미노산 서열을 반영하는 질량분석정보이다. substance P의 아미노산배열은 RPKPQQFFGLM-NH_2(아르기닌·프롤린·리신·프롤린·글루타민·글루타민·페닐알라닌·페닐알라닌·글리신·루이신·메치오닌)이고 C말단은 -COOH가 아니라 amide화(-$CONH_2$) 되어 있다.

그림 13-9의 생성이온 spectrum에서 아미노산 서열을 읽어내기 위한 기본은 펩타이드 이온의 분해 장치와 그것에 의해 생성된 단편이온의 명칭이다(그림

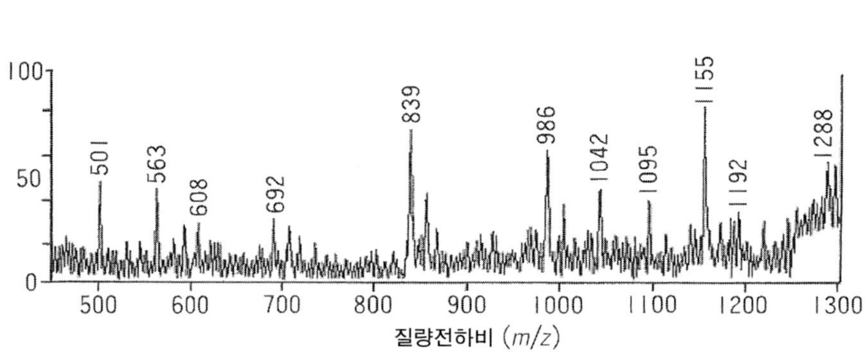

그림 13-9 Substance P(상대분자 질량 Mr 1347.6)의 proton화 분자 $[M+H]^+$를 RETOF중에서 분해해서 얻은 생성 이온 spectrum. 각 peak의 수치는 아미노산 배열정보를 얻기 위해 사용된다.

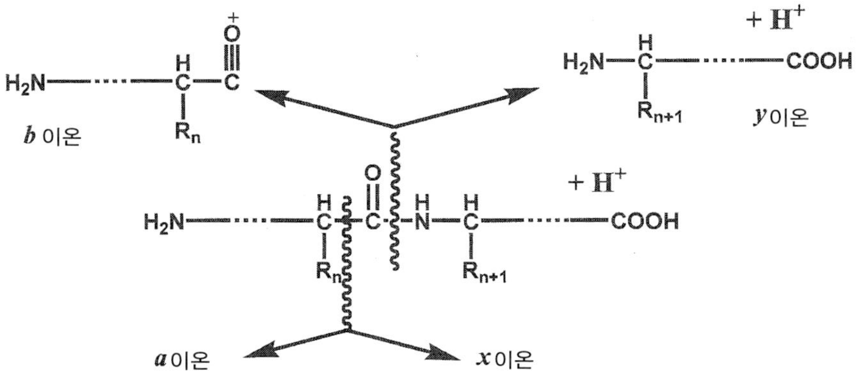

그림 13-10 펩타이드 주쇄의 전형적인 분열 위치와 생성이온의 명칭. 이외에 N-C결합의 분열에서 유래하는 *c* 이온과 *z* 이온이 있다.

13-10). 이 명명법에 따르면 N말단에서 n번째와 n+1번째의 아미노산 잔기 사이에서 분열하여 생성된 이온에는 a_n과 b_n의 명칭이 붙고, C말단에서 n번째와 n+1번째의 아미노산 잔기 사이에서 분열하여 생성된 이온에는 x_n과 y_n의 명칭이 붙는다. 예를 들면, 그림 13-9의 m/z 1155는 [a_{10}–17], m/z 1095는 [y_9], m/z 1042는 [a_9–17], m/z 986은 [a_8–17], m/z 839는 [a_7-17] 등과 같이 나타낼 수 있다. 여기서 –17은 a 이온에서 암모늄(NH_3, 질량 17u)이 탈리되어 있다는 것을 의미한다. 아미노산 배열을 모르는 경우는 얻어진 각 peak의 m/z값에 가능한 아미노산 서열의 조립을 할당하여 아미노산 서열의 후보를 열거할 수 있다. 다음에 나타낸 것과 같이 이들 작업은 계산기에서 자동적으로 행하는 경우가 많다.

13.3 질량분석정보와 단백질 동정을 위한 입력 정보

동, 식물의 조직과 세포에서 추출한 단백질이 무엇인가? 즉 DNA상에서 어디에 code되어 있는 유전자에 해당하는가? 또는 그 단백질의 명칭이 무엇인가를 동정하는 것은 다음의 방법이 사용된다.

a) **에드만 분해법**에서 N말단의 아미노산 배열을 10잔기 정도 결정하고 그 배열 정보를 사용하여 단백질(아미노산 서열) 데이터베이스 또는 게놈(염기서열)데이터베이스에서 검색한다.

b) 아미노산을 특이적으로 분해하는 효소로 가수분해하고, 얻어진 펩타이드의 질량 전하비(*m/z*)를 MS로 계측하여 그 값을 단백질 데이터베이스에서 검색한다. 이것을 **펩타이드매스핑거프린팅**(peptide mass fingerprinting, PMF)법이라고 하고 이때 mass spectrum을 펩타이드매스핑거프린트라고 한다.

c) 효소로 가수분해해서 얻은 펩타이드를 이온화하고 MS/MS에서 아미노산 배열을 얻어 그 배열정보를 사용하여 단백질(아미노산 서열) 데이터베이스 또는 게놈(염기서열) 데이터베이스에서 검색한다.

a)는 생화학 분야에서 가장 많이 사용되고 있고 장치로서 자동화된 방법이다. b)와 c)는 질량분석정보를 사용한 단백질의 동정법으로 a)와 비교하여 신속한 분석이 가능하지만 특히 c)는 장치 의존성과 실험자의 기술에 의존한다. 어느 방법도 얻어진 결과는 단백질 또는 게놈 데이터베이스의 데이터량과 정밀도에 크게 의존한다. PMF법에서 데이터베이스 검색 시에 입력하는 정보로서는 펩타이드의 *m/z*값이고 MS/MS법에서는 펩타이드에서 얻어진 **부분적인 아미노산 서열**이다. 이들 정보를 컴퓨터를 사용하여 인터넷에서 데이터베이스 사이트 화면에 입력하면 가능한 단백질의 후보를 얻을 수가 있다(그림 13-11). 입력정보를 작성하기 위해서는 MS장치를 사용하여 질량분석정보를 얻을 필요가 있다.

단백질 동정을 위해 입력하는 기본적인 질량분석정보는 다음과 같다.

a) 효소소화에서 얻은 펩타이드 이온의 질량

b) 펩타이드 이온의 분해로 생긴 생성이온의 질량

c) 단백질 이온의 질량

이들 정보는 mass spectrum에서 나타나는 peak의 질량 전하비(*m/z*)의 값으로 얻어진다. 효소소화하기 전의 단백질 질량은 2차원 전기영동에서 그 값이 얻어지기 때문에 c)의 단백질 이온의 **질량정보**는 불필요한 경우가 많다.

질량분석정보 a)에 있어 효소소화에서 얻은 펩타이드 단편 이온의 *m/z*값은

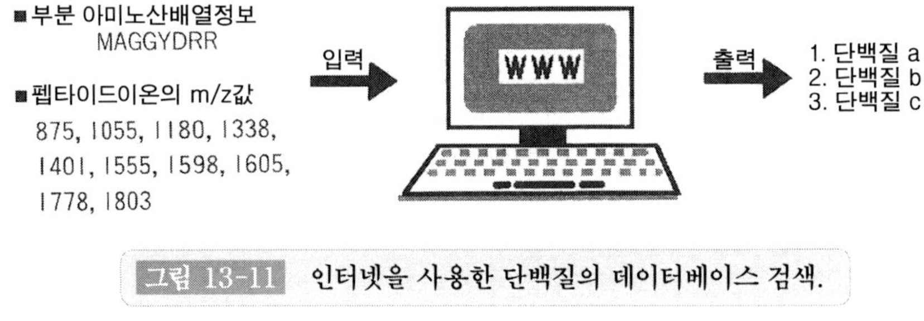

그림 13-11 인터넷을 사용한 단백질의 데이터베이스 검색.

그림 13-12의 펩타이드매스핑거프린팅에서 나타난 것처럼 다수의 펩타이드 단편을 한번에 분석해서 mass spectrum을 얻는 경우가 많다. 각 peak는 하나로 보이지만 확대하면 동위체 조성이 다른 여러 개의 peak가 나타나기 때문에 질량분석정보로서 *m/z*값을 읽을 때에는 주의 할 필요가 있다. 질량 2000u 정도 이하의 펩타이드는 천연동위체 의존도가 최대인 동위체만으로 구성된 Monoisotopic peak의 *m/z*값을 사용하면 된다(그림 13-13). 펩타이드매스핑거프린트의 *m/z*값의 집합은 단백질의 고유값이기 때문에 그 이름대로 단백질을 동정하는 지문이다.

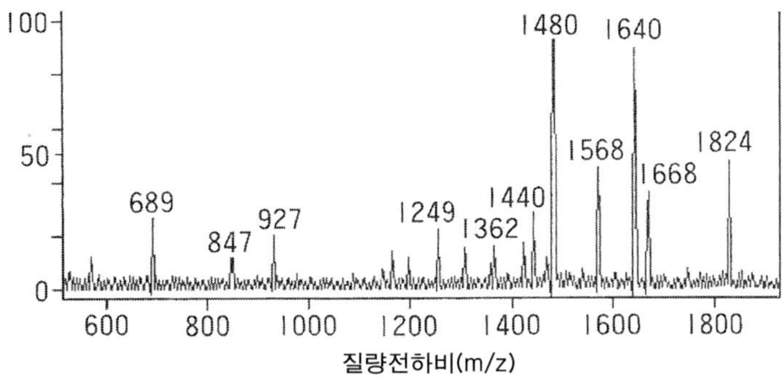

그림 13-12 펩타이드매스핑거프린트. 단백질을 효소소화해서 얻은 펩타이드 단편의 proton화 분자[M+H]$^+$의 peak군. 각 peak 상단에 적힌 *m/z*값이 질량인 동시에 입력정보이기도 하다.

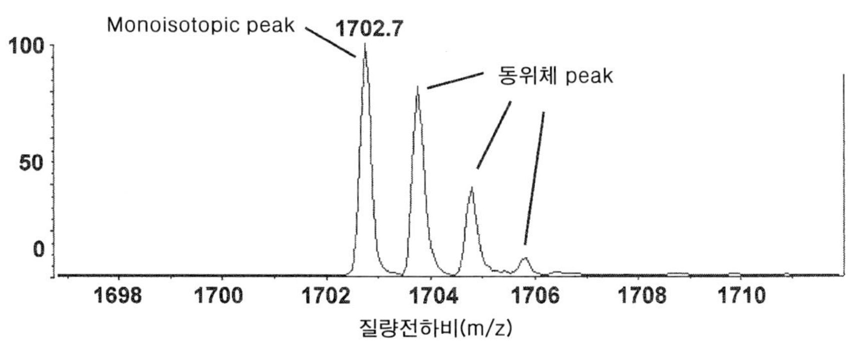

그림 13-13 Mass spectrum에 나타나는 분자량 관련 이온의 peak는 동위체 조성이 다른 몇 개의 peak에서 유래한다. 질량분석정보로서는 Monoisotopic peak의 *m/z*값을 사용하면 된다(그림 13-8 참고).

질량분석정보 b)에 있어서 펩타이드 이온의 분해로 생긴 생성이온의 peak m/z값은 각 peak사이의 *m/z*값의 차인 △(*m/z*)가 아미노산의 질량에 해당하는 것이 많으므로 그 펩타이드의 아미노산 배열을 반영한다. 생성이온의 spectrum은 질량분석장치에 부착된 다양한 이온 분해의 기능을 사용하여 얻을 수 있다. 그림 13-9 및 그림 13-14는 MALDI-RETOF MS장치의 post source 분해(이온원에서 생성한 proton화 분자가 이온원을 나와서 fragment 이온으로 분해되는 것)법에 의해 얻어지는 것이다. 그림 13-14는 Pyr–EEEEETAGAPQGLFRG–NH_2(피로글루탐산·글루탐산·글루탐산·글루탐산·글루탐산·트레오닌·알라닌·글리신·알라닌·프롤린·글루타민·글리신·루이신·페닐알라닌·아르기닌·글리신)의 아미노산 서열을 가진 porcine pancreastatin 33–49(상대분자질량 M_r 1830)의 proton화 분자 $[M+H]^+$를 post source 분해해서 얻은 생성이온 spectrum이다. 각 peak의 *m/z*값과 함께 기록한 기호 b_n과 y_n은 펩타이드 주쇄의 분열된 위치를 나타내고 있다(그림 13-10). 생성이온의 y_{11}에서 y_{15}까지의 각 peak간의 질량차는 글루탐산(E)과 –HN–$C_\alpha H(C_2H_4COOH)$–CO–의 질량(129u)에 해당하므로 이 펩타이드에는 EEEE의 아미노산 서열이 있다는 것을 알 수 있다. 다만 이 그림에서 각 peak의 *m/z*값에 측정오차가 생기기 때문에 각 peak간의 질량은 어디에서도 129u가 되지는 않는다.

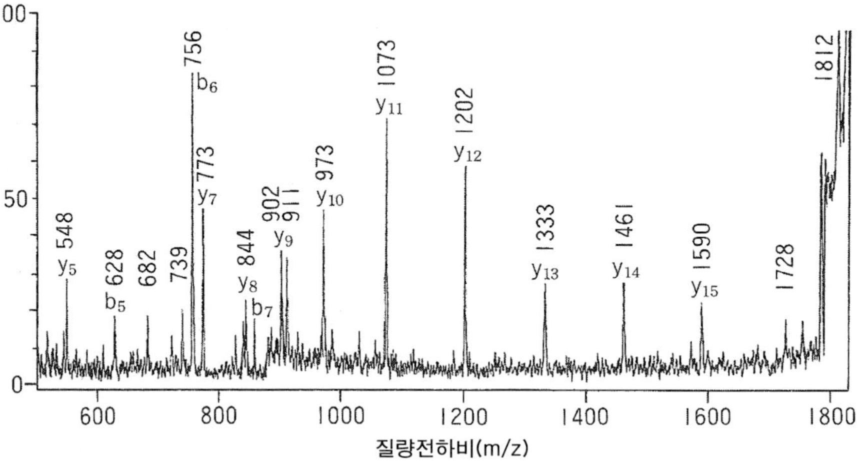

그림 13-14 MALDI-RETOF MS장치에 의한 post source 분해법을 사용해 얻은 펩타이드 이온의 생성이온 spectrum. 각 생성이온 peak간의 질량차로 아미노산 배열을 추정할 수 있다.

13. 4 질량분석정보를 사용하는 단백질의 동정

2차원 전기영동에 의해 분리된 단백질을 질량분석을 사용하여 동정하는 일반적인 순서를 그림 13-15에 나타내었다. 펩타이드 이온의 *m/z*값을 기본으로 하는 질량분석정보는 펩타이드매스핑거프린팅용의 입력정보 또는 아미노산 배열 입력정보로 변환되어 검색하게 된다. 단백질의 동정을 목적으로 한 다양한 기능의 소프트는 ExPASy Proteomics Server (http://us.expasy.org/tools/, 그림 13-16) 또는 EMBL-EBI (http://www.ebi.ac.uk/services/) 등에서 인터넷을 경유하여 이용할 수 있다. 여기서는 펩타이드매스핑거프린팅과 아미노산서열정보를 이용한 단백질의 동정에 대해서 알아보자.

a) 펩타이드매스핑거프린팅(PMF)의 사용

PMF는 효소소화와 질량분석을 조합한 단백질 동정법으로 가장 많이 사용되고 있다. 소화효소에는 트립신(아르기닌 또는 리신 잔기의 C말단 측의 펩타이드 결합을 특이적으로 가수분해 함)및 키모트립신(페닐알라닌 및 티로신 잔기의

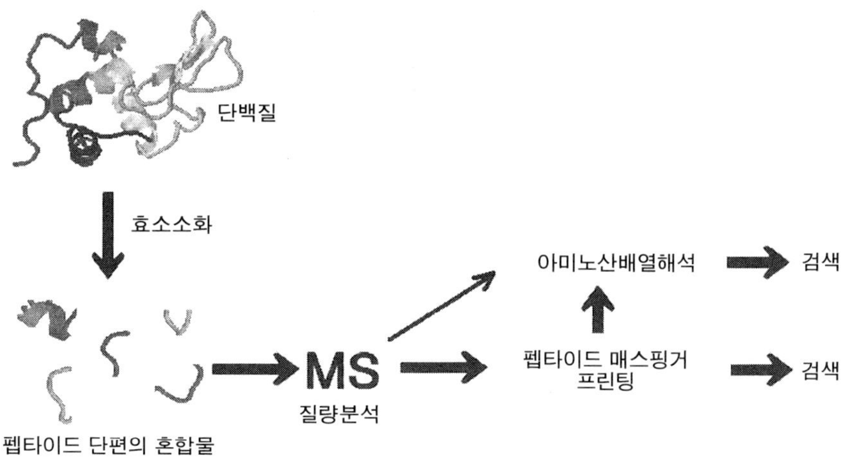

그림 13-15 질량분석을 사용하는 단백질 동정의 일반적인 순서. 신속한 펩타이드매스핑거프린팅에는 MALDI-RETOF MS를 사용하고, 아미노산 배열 해석에는 ESI와 결합한 MS/MS장치를 사용한다. 그림에서 검색은 데이터베이스와의 조합 검색을 나타낸다.

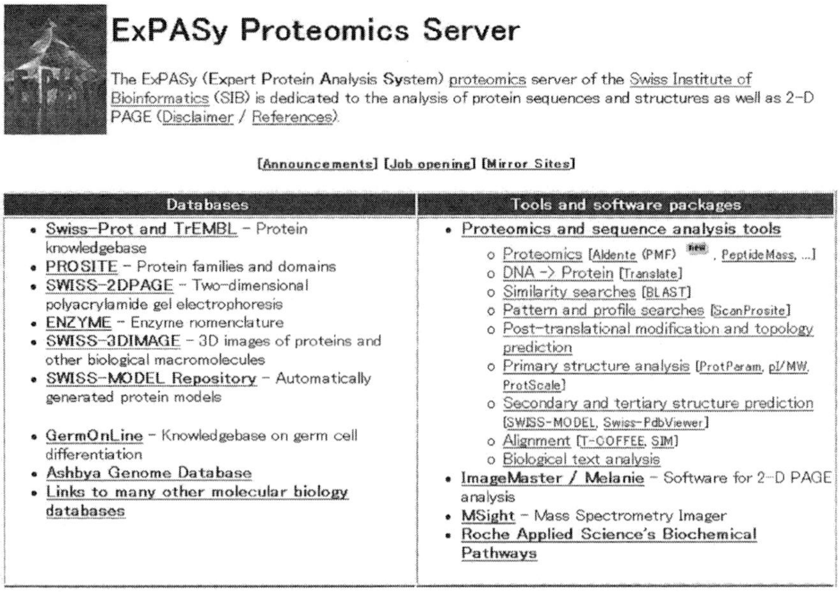

그림 13-16 단백질의 동정하기 위한 다양한 소프트웨어를 제공하는 공식 사이트(http://us.expasy.org/tools/에서 전재).

C말단 측의 펩타이드 결합을 우선적으로 가수분해 함)등과 화학물질로써 브롬시안(메티오닌잔기의 C말단 측의 펩타이드 결합을 특이적으로 절단함)을 사용한다. 단백질을 복수의 펩타이드 단편에 의해 질량분석하면 해당하는 peak수 만큼 펩타이드 이온의 *m/z*값이 얻어진다. 펩타이드 이온의 peak를 나타내는 mass spectrum을 펩타이드매스핑거프린트라고 하고, 효소소화물의 질량분석결과 얻어진 펩타이드 이온의 *m/z*값의 집합(m_1, m_2, m_3, …)도 펩타이드매스핑거프린트라고 한다. 펩타이드 이온의 *m/z*값의 집합은 단백질에 대해 고유하기 때문에 데이터베이스에 등록되어 있는 단백질의 부분질량과 비교하면 가능한 단백질 후보를 검색할 수 있다. WEB상에서 공개되어 있는 검색 소프트의 하나를 그림 13-17에 나타내었다. PMF에 사용되는 이온으로써 10개 정도의 의미 있는 peak가 관찰되면 동정할 수 있다.

(b) 아미노산 배열정보의 사용

보다 정밀성이 높은 단백질의 동정에는 아미노산 서열의 정보가 필요하다. PMF에서 사용한 펩타이드 이온을 MS/MS에서 분해하고 생성이온을 얻으면 아

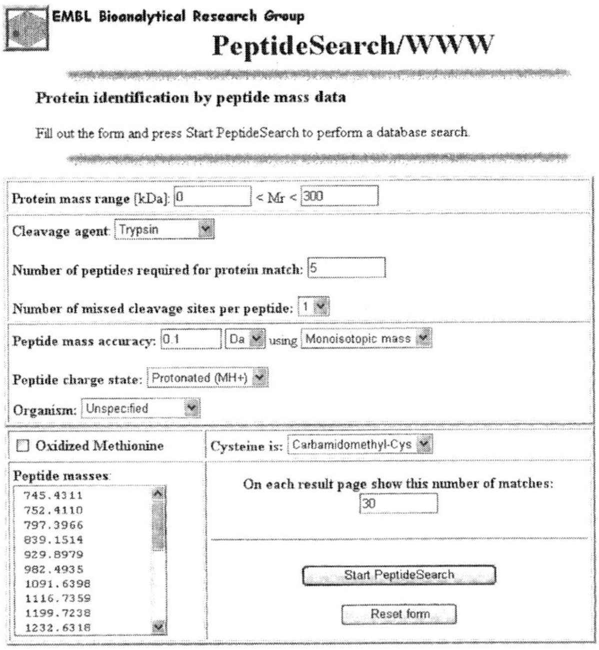

그림 13-17 펩타이드매스핑거프린팅에 의한 단백질 동정의 입력화면. 화면 좌측하단에 펩타이드 이온의 *m/z*값을 입력한다. (http://www.mannembl-heidelberg.de/GroupPages/PageLink/peptidesearch/Services/PeptideSearch/FR_PeptideSearchFormG4.html에서 전재).

미노산 서열의 정보가 얻어진다. 생성 이온질량 $m_1, m_2, m_3, \cdots$은 펩타이드의 아미노산 서열을 반영하기 때문에 해석 소프트 등을 사용하여 아미노산 서열을 추정할 수 있다. 얻어진 부분 아미노산 서열을 WED상에서 공개되어 있는 검색소프트를 사용하여 검색하면 가능한 단백질 후보를 얻을 수 있다(그림 13-18). 질량 분석에서 펩타이드 이온을 분해하고 생성이온을 얻기 위한 많은 방법이 있지만 어느 것도 고도의 기술과 해석능력을 필요로 하는 경우가 많다.

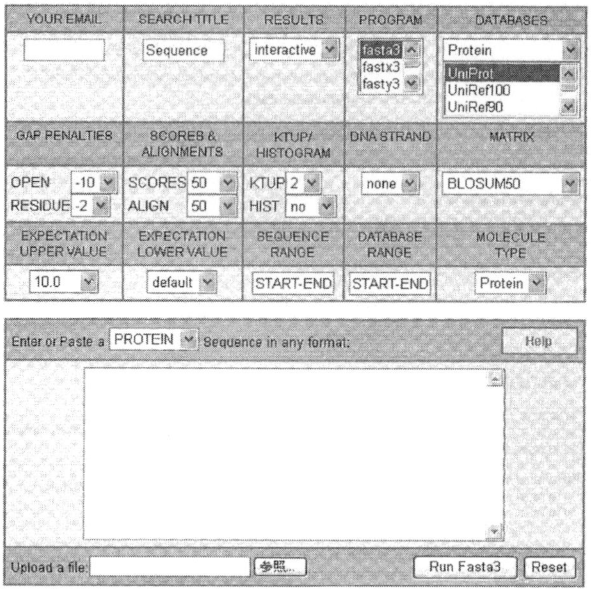

그림 13-18 부분 아미노산 배열정보에 의한 단백질 동정의 검색 소프트. Fasta의 입력화면(http://www.ebi.ac.uk/fasta33에서 전재).

제 14 장

살아있는 것과 살아있다는 사실

단백질이 생물체를 만들어 내고 있는 주요재료라는 사실에 의심할 여지는 없다. 기계와 로봇을 만들어내고 있는 금속재료인 전자부품과의 차이는 부품으로서 단백질의 수와 종류가 방대하고 그 수명은 짧고 끊임없이 교체되고 있다는 것이다. 더구나 자동적으로 교체(합성과 분해)가 진행된다는 것이다. 합성되어서는 파괴되어 가고 그 균형위에 사람도 생물도 그 형태와 크기를 유지할 수 있다. 이 균형이 자연적으로 파괴되는 시기를 사람과 생물의 수명이라고 부른다. 현재의 기술로는 기계와 로봇에는 아직 자동 회복기능이 갖추어져 있지 않지만 스스로 생각하고 스스로 회복하는 로봇이 만들어졌을 때에는 생물과 아주 가까운 존재가 될 것이다. 확실히 현대과학은 그와 같은 사람과 생물에 가까운 것을 만들어내려고 하고 있다. 또한 소프트를 포함한 컴퓨터의 발전은 사람의 뇌를 모방하려고 하고 있다. 이 마지막 장에서는 단백질 등의 생체성분으로 구성된 생물이 생명을 가진다는 것이 어떤 의미인지를 생각해 보자.

14. 1 생물은 원자로 만들어진 기계인가?

–데카르트(Rene Descartes) 대 베르그송(Henri bergson)–

생물은 원자 및 분자라는 부품으로 만들어진 정밀한 기계이다. 이것은 현대 분자생물학이 근거로 삼고 있는 기본 정신이다. 왜 기계론인가? 그 이유는 복잡한 것은 요소로 나누어 단순하게 하면 이해할 수 있다는 요소환원주의에서 유래한다. 생명현상을 만들어내고 있는 생물을 이해하는 것은 해부해서 각 부분의 부품을 잘 관찰하고 그 구조와 움직임을 조사해 부품의 배치와 관계를 조사하는 것이라고 생각하고 있기 때문이다. 호기심 왕성한 아이가 장난감을 분해하거나 어른이 정밀한 시계와 전자 기구를 분해하여 전체적인 움직임을 중심에서 이해하려는 욕구도 실제로 그와 같이 분해하면 납득이 된다는 것을 경험상으로 알고 있기 때문이다. 옛날부터 행해온 식물과 동물의 해부와 그 지식의 축적은 생명현상을 불가사의하게 생각하고 자신의 존재마저도 불가사의하게 생각하여 소위 사물에 대한 호기심을 만족시키려고 한 인간의 본능과 욕구에 바탕을 둔 것이다.

생물이 분자라는 부품으로 만들어져 있다는 사실을 현대과학적인 증거와 센스를 가지고 제시한 것은 왓슨과 크릭이었다. 그들은 1953년에 **데옥시리보핵산**(Deoxy ribonucleic acid, DNA)의 이중나선 구조 스케치를 발표하였다. 단순한 분자의 연쇄에 의한 나선구조로 된 디자인은 많은 사람들에게 받아들여지기 쉬운 것이었다. 제공된 나선구조는 그때까지 알려져 있던 **샤르가프**(Erwin Chargaff) **의 법칙**, 유전정보의 복제, 그리고 유전정보가 DNA라는 사실을 잘 설명해 주었다. 이때 비로소 살아서 눈 앞에 있는 생물과 분자라는 화학물질의 거리가 한순간에 짧아졌다고 할 수 있다. 생물 중에서도 인간은 단순한 물체로서 기계적 신체와 자신의 존재를 느낄 수 있는 의식으로 구성되어 있다는 **이원론**이 16세기에서 17세기에 걸쳐 활동한 루네 데카르트(1596-1650)에 의해 고찰되었다. 데카르트의 요소환원주의와 생물기계론(또는 **인간기계론**)은 시대를 넘어 계승되어, 현대에서 생물은 원자와 분자로 만들어진 구조체이고 감각과 의식 등은 그들 구조체가 일으키는 기능이라고 이해되고 있다. 생물을 컴퓨터에 비유하면 원자와 분자로 만들어져 직접 눈에 보이는 생물체의 구조면은 중앙연산처리장치(Central Processor Unit, CPU)관련 회로와 액정화면 등의 하드웨어에 해당하고, 감각과 의식 등의 보이지 않는 기능면은 프로그램에서 구성되는 소프트웨어에 해당한다. 연구자와 기술자의 역할은 생물의 구조를 잘 알고 거기에서 일어나는 기능을 해석하는 것이다. 또한 이와 같은 해석을 통해 생물은 이해할 수 있는 것으로 믿어지고 있다.

요소환원주의를 바탕으로 생물을 이해할 때에 항상 나타나는 문제는 요소와 요소의 조합에서 감각과 의식 등의 기능이 어떤 식으로 나타나는 가를 잘 설명할 수 없다는 점이다. 이 문제는 빛의 파동성과 입자성의 상보성을 제창한 닐스 보어(Niels Bohr, 1885-1962)에 의해서도 제창되어 생물이라는 구조체와 생명기능 사이에서도 상보성이 있다고 생각되어졌다. 화학과 물리학 그리고 테크놀로지 전성시대에서는 물질과 정신을 독립적으로 공존시키는 이원론에 대한 형세가 좋지 않았다. 그러나 세계적으로 영향력 있는 뇌 신경학자였던 와일더 펜필드(Wilder Penfield, 1891-1976)는 선입관이 없는 의논의 최종단계에서는 뇌라는 물질 외에 정신을 만들어내는 어떤 에너지적인 요소가 있다고 하는 이원론적 생각에 도달하였다. 20세기 초기 프랑스의 철학자 헨리 베르그송(1859-1941)은 생물을 그 요소로 분해해서 생명을 이해할 수 없다고 주장하고 데카르트의 사상과는 정면으

사진 14-1 **데카르트(좌)**(Alain : 데카르트(1971)에서 전제), **베르그송(중앙)**(베르그송(1974)에서 전제), **펜필드(우)**(Penfield : 뇌와 생각의 정체(1987)에서 전제).

로 대립하였다. 베르그송은 펜필드와 같은 이원론자는 아니었지만 소위 요소환원주의가 만능이라는 생각에 반대하여 전체는 요소의 단순한 조합이 아니라고 직관적으로 생각하였다. 생물의 형태를 만들고 있는 원자와 분자를 조합하여 재구축하는 것보다 총체적으로 생물의 행동과 사람의 정신 및 의식이라는 고차원적 기능을 어느 정도 만들어내는 것이 가능하다고 예상한 것이 데카르트이고, 오히려 전체 현상에서 자세한 방향으로 생각해야 된다고 제창한 것이 베르그송이다. 이 문제는 현재까지 해결되지 않고 있다. 그러나 생물체의 재료인 DNA와 단백질을 충분히 연구하면 생명현상의 이해에 근접할 수 있다고 생각하는 현대의 많은 분자생물학자들에게 있어 이 문제가 의미하는 바는 적지 않다. 데카르트와 베르그송은 과연 융합될 수 있을까?

20세기 중엽에서 말엽에 이르기까지 응축계의 상전이, 난류, 대류와 비평형계의 패턴형성이라는 복잡한 문제에 대한 도전이 시작되었다. 그 대표는 비평형 산일 구조(dissipation structure) 연구에 의해 노벨화학상(1977)을 수상한 프리고진(Ilya Prigogine, 1917~2003)이였다. 이때 나타난 새로운 과학의 기반인 **협력현상**, **비선형 비평형계**, 카오스 등은 원자와 분자의 성질과 거동에서는 예상할 수 없는 전체적인 현상을 대변하려는 것이었다. 그 궁극적인 목적이 생명현상의 이해에 있고 데카르트와 베르그송을 융화시키는 과학의 출현이다.

단순한 기계와 생물과는 무엇이 다른 것인가? 사육하고 있는 생물이 살아있는 상태에서 죽은 상태로 이행했을 때에 혼이 빠졌다고 하는 것이 극단적인 이원론이고 그와는 달리, 그 생물을 구성하는 분자의 산화 등에 의해 기능이 유지될 수 없게 되었다고 생각하는 것이 일원론이다. 일원론의 관점에서는 일하는 분자인 단백질에 대해 생물이 살아있을 때와 죽었을 때에 무엇이 틀린가를 생각할 필요가 있지만, 그전에 생물과 생명의 차이점에 대해서 생각해 보자.

14. 2 생물과 생명

생물(organism)은 "살아있는 것"을 나타내고 생명(life)은 "살아있다는 사실"을 표현한다. 생물이 해부와 분석에 의해 밝혀진 구조(뼈조합, 세포내 외에서의 물질구성, 생체 내 분자의 화학구조 등)를 가진 것이라고 하면 생명은 구조에서 발생된 활동, 동태, 거동 등의 기능을 의미하고 있다고 할 수 있다. 생명의 이해는 지구상에 생각하는 사람이 등장하고 그 이후 현재까지 변함없이 생각되고 있는 보편적인 테마이다. 사람이라는 생물은 자신의 생명현상으로서 생명이라는 것을 생각해 왔거나 또는 자신의 존재에 대해서 생각해 왔다고 말할 수 있다. 간단히 말하면 생물과 생명의 관계는 다음과 같이 표현할 수 있다. 즉 "사물에 생명을 불어넣으면 생물이 된다." 이것은 이원론적인 표현이지만 요소환원주의의 현대과학의 입장에서 말하면 이해하기 쉬운 설명이다(그림 14-1). 그러나 현실에서 생물은 그 안에 생명현상을 내포하는 사물 또는 존재이다.

14. 3 슈레딩거에서 프리고진으로

물리학자는 때때로 생명에 대해 논하였다. 물리학자가 생명을 논할 때에 이용하는 물리법칙은 열역학 제 2법칙이다. 이런 경향은 슈레딩거(Schroedinger 1887-1961)에서 시작하여 최근에 프리고진(Pregogine)으로 이어졌다. 전자는 파동역학을 만들었고, 후자는 비가역과정을 정식화한 이론물리학자이며, 양쪽 모두 사상가로서 저서를 출간 하였다. 슈레딩거는 생물의 특징을 비유적으로 "부의 엔트로피를 먹고 살고 있다"고 표현했고 프리고진은 "평형에서 먼 비선형 비평형계에서 출현하는 산일구조"로 표현했다. 프리고진의 표현에는 슈레딩거와 같은 비유가 없고 일반인이 직관적으로 이해하기는 어렵다. 프리고진은 움직임이 있는 패턴형성 등 산일구조의 표현이 생명현상과 어느 정도 관계가 있다고 생각하고, 비

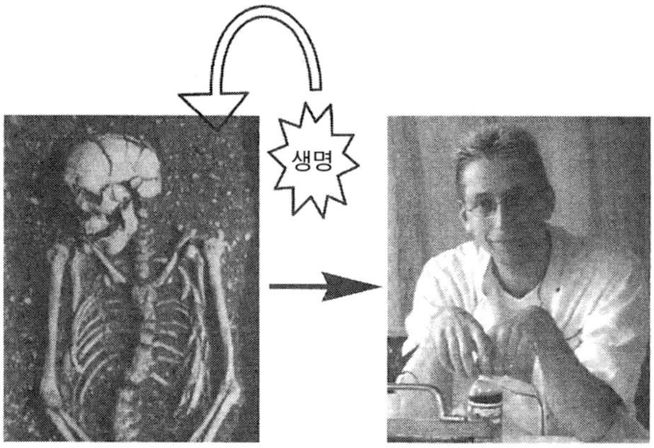

그림 14-1 생물 이원론. 사물에 생명을 불어넣으면 생물이 된다.

평형계에 출현하는 동적구조를 과잉 엔트로피 생성을 동반하는 비선형 에너지 산일계의 안정성과 불안정성으로 특징지었다. 이 난해한 표현은 뒤에서 다시 설명된다.

슈레딩거는 이론물리학자 드브로이(Prince Louis-Victor Pierre Raymond de Broglie 1892∼1987)에 의해 제안된 물질파의 개념에 영향을 받아 독자적으로 파동역학을 창시했다. 그 후 물리학자 델브리크(Max Delbruck, 1906~1981)가 제안한 양자론적 유전자 모델에서 영향을 받아 1944년에 생명현상의 물리적 해석에 관한 「생명은 무엇인가」를 저술하게 된다. 같은 시기에 델브리크에게 영향을 받은 생물학자 루리아(Salvadir Edward Luria, 1912~1991)는 1969년에 델브리크와 함께 노벨 생리·의학상을 수상하게 된다. DNA나선구조 해명에 의해 1962년에 노벨 생리의학상을 수상한 와트슨, 크릭, 윌킨스는 슈레딩거의 저서 「생명은 무엇인가」의 영향을 받았다. 그 중에서도 와트슨은 델브리크와 루리아의 형제였다. 델브리크에서 시작된 생물의 물리적 이해에 관한 흐름은 전부 1953년의 Nature지에 게재된 역사적인 DNA 나선구조의 해명으로 연결된다(그림 14-2). 그러나 델브리크는 1932년 여름 코펜하겐에서 열린 광치료의 국제회의에서 "빛과 생명"이라는 닐스 보어의 강연에 깊은 감명을 받아 물리적인 생명상(生命像)을 구축하게 된다. 보어는 슈레딩거와 함께 양자역학의 아버지라 불리지만, 두 사람 모두 물질세계와 함께 생명과 정신현상에 깊은 흥미를 가지고 있었다. 양자역학의 완성에 전력

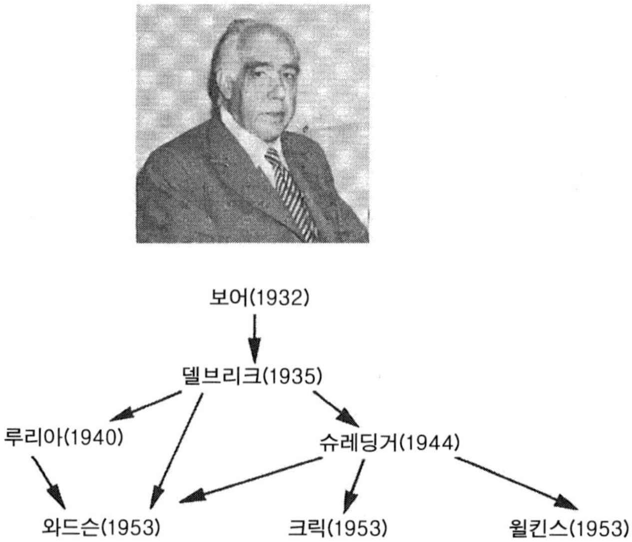

그림 14-2 **보어를 원류로 하는 DNA 나선구조의 사상적 흐름. (사진은 Rosental : 닐스 보어 (1970) p. 24사진에서 전재)[5]. 와트슨과 크릭의 논문(Nature, April 25, 1953, p.737-738)과 윌킨스의 논문(Nature, April 25, 1953, p.738-740)은 Nature지에 동시 게재되었다.**

한 2명의 이론 물리학자가 오늘날의 분자 유전학과 유전공학의 기초가 된 DNA 나선구조의 해명에 가장 큰 영향을 주었다는 것은 흥미로운 일이다.

한편 프리고진은 생명현상을 자기 조직화 및 질서형성이라는 산일구조와 관련된 단어로 표현하여 왔다. 프리고진은 생명현상을 비평형계의 열역학으로 표현하였고, 그 최초의 기술은 간장(肝臟)에 있어서 요소의 합성 반응을 열역학 coupling이라 부르고 그것을 살아있는 계의 본질적인 특징이라고 하였다. 이 기술은 1944년에 슈레딩거의 저서 「생명은 무엇인가」와 같이 출간된 저서 「화학 열역학」에서 찾아 볼 수 있다. 요소는 암모니아(NH_3)와 이산화탄소(CO_2)로 합성되지만 이 반응은 자유에너지의 역방향 반응이고 자발적으로 진행되지 않는다. 이 반응의 진행을 가능하게 하는 것은 합성효소를 중재하는 아데노신 3인산(adenosine triphosphate, ATP)의 가수분해 반응과 다시 계속되는 4단계의 효소반응이다. 이것을 요소회로라고 부른다(그림 14-3). 단순하게 ATP가수분해반응의 자유에너지를 이용하여 요소의 합성반응을 진행하고 있다. 이 열역학 coupling이라고 부르는 현상은 많은 생체 내 반응의 특징이라는 것이 알려져 있다. 현대적인

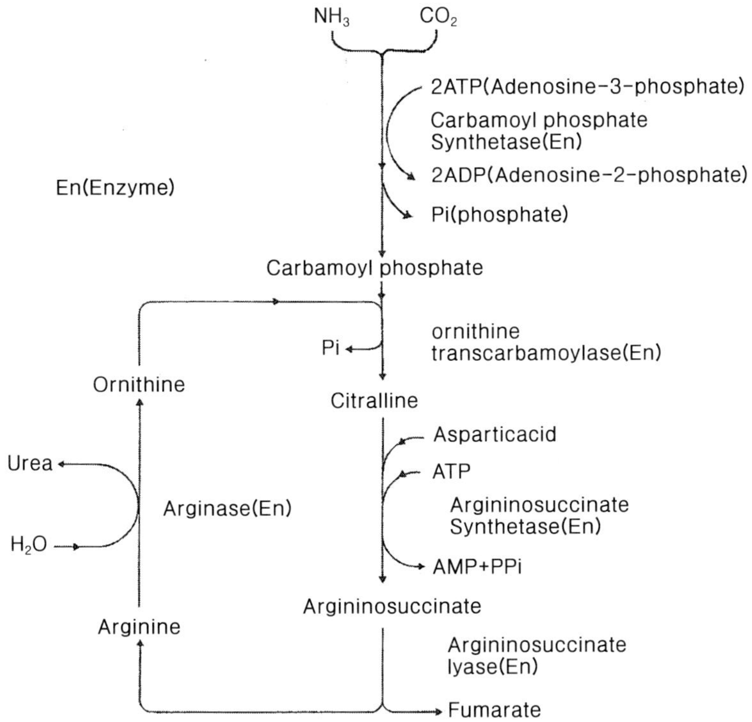

그림 14-3 **암모니아와 이산화탄소로 부터 요소가 합성되는 요소회로. En은 효소**(이가 연표 (2005) p.976에서 전재).

감각에서는 단순히 자유에너지의 득실만을 보는 것이 아니고, 각 단계의 반응 대부분에 효소가 관계하고 있다는 것을 인식하는 것과 그 반응기구의 연쇄에 대해서 정보전달이라는 단어가 사용되는 것이다. 이와 같이 생명현상도 화학에너지 및 화학반응이라는 물리·화학적 현상으로 취급하려는 것이 강조되었다. 또한 비평형계에 나타나는 산일구조에 대한 프리고진의 생각은 다음과 같았다.

비평형계는 열류 및 확산계와 함께 **에너지 산일(엔트로피 생성)**을 동반하지만 그 수송현상이 외부에서의 요동(fluctuation)에 대해서 안정하고 수송방정식의 형태가 변함없을 때 그 비평형계는 안정하다고 한다. 이 안정성은 엔트로피 생성속도가 최소 상태인 것이 특징이다. 이것은 안정한 평형계의 자유에너지가 최소상태인 것을 나타내는 극치원리와 이론적으로 같은 것이다. 프리고진은 평형계와 비평형계에서 그 안정성을 극치원리로 기술했다. 비평형이지만 공간적으로 균일한 계의 **비평형**의 정도(온도차 및 농도차)를 증가하여 공간모형(그림 14-4)이 자

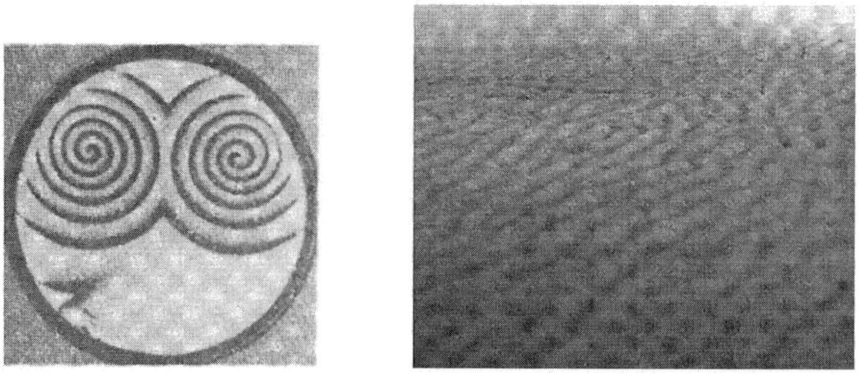

그림 14-4 **비선형비평형계에 나타나는 동적모형. 벨루소프-자보틴스키반응(좌)**(Prigogine : 존재에서 발전으로 (1984) p.202에서 전재)**과 구름의 대류모형(우).**

발적으로 나타나는 경우, 공간적으로 균일한 계의 안정성은 불안정화 되었다고 한다. 이 불안정화에 의해 공간모형을 동반하는 예상치 못한 새로운 엔트로피 생성의 기구가 생겨나는 경우가 있다. 이 기구는 계의 내부에 존재하는 비선형성에서 유래하고, 이 비선형성 때문에 계 내부에서는 공간모형의 형성을 유도하는 작은 흔들림이 나타나는 것이다. 이 흔들림은 처음에는 안정성을 위협할 정도로 크진 않지만 비평형도가 높아짐에 따라 계를 불안정하게 유도할 정도로 커져서 마침내 계는 공간적으로 균일한 상태에서 모형형성을 동반하는 불균일한 상태로 이행하게 된다. 이 새로운 상태에서는 그때까지 없었던 에너지 산일의 기구가 출현하는 것이 특징이고 이것을 산일구조라고 부른다. 프리고진은 생물의 발생·분화 등에 특유한 형태 형성의 문제 및 사회적인 생물의 진화·발전의 가능성도 산일구조의 출현이라는 이미지로 증명하려고 했던 것이다. 흥미로운 점은 전체 현상에서 직관적으로 통찰해가는 프리고진의 독특한 사고는 데카르트의 요소환원주의에서 벗어나, 베르구송의 저서 「창조적 진화」에서 영향을 받은 것이다. 즉 생물은 단순한 정밀기계가 아니고 곤충마저도 미래의 발전성을 준비하는 비결정론적 존재라고 생각하고 있었다. 여기에는 진화 및 변화의 가능성이 항상 남겨져 있다.

프리고진이 제안한 산일구조의 개념은 물리학과 화학의 세계에 있어 진동현상과 모형형성의 해명에 견인차 역할을 했지만, 그것이 자기조직화라는 키워드를 가지고 생명의 이해로까지 확장될 수 있을는지는 아직 명확하지 않다. 움직임이 있는 계의 모형형성에 대한 전형적인 예로서, 벨루소프(B.P. Belousov)-자보틴

스키(A.M. Zhabotinsky)반응과 대류현상이 있고 이것을 그림 14-4에 나타내었다. 프리고진 자신은 그의 저서 중에서 산일구조의 개념을 세포분화 및 형태형성 그리고 진화 및 생태학에까지 확장하여 생명의 열역학적인 이해에 의욕적이었지만, 일찍이 슈레딩거의 저서와 비교하면 이해하기 어려운 추상적인 내용을 포함하고 있다. 그러나 이후에 출판된 보급서 중에는 생명을 이해하는 키워드로서 일반인도 이해하기 쉬운 "**자기촉매**"와 "**비평형**"을 열거 하고 있다. 전자는 생물의 특징인 자기 증식 및 자발성과 연관되고, 후자는 단순한 물체를 생물로 바꾸기 위한 생명의 원천수처럼 생각된다.

슈레딩거와 프리고진의 공통되는 생명에 관한 키워드는 비평형이다. 슈레딩거의 생물에 대한 "부의 엔트로피를 먹고 살고 있다"라는 비유는 프리고진의 언어로 고치면 "비평형 상태(비평형의 의미로 엔트로피가 작은 상태)를 만들어 내어 유지하고 있다"라는 말이 된다. 이 표현은 현대 생물학에서 상식이 되었다. 즉 생물이 감각 기관의 기능을 정상적으로 유지하기 위해서는 신경세포막의 내부와 외부에서 이온농도구배(막전위)를 유지하지 않으면 안 된다. 이 비평형상태는 단백질의 활동에 의해 세포막을 개입시킨 이온의 펌프업에 의해 유지되고 있다. 단백질은 펌프업을 위한 엔진으로서 활동하고 그 구동 연료는 ATP이다. 살아있는 단백질과 죽은 단백질의 차이점은 단순하게 단백질이 ATP의 가수분해반응기구 안에 조합되어 에너지를 공역하고 있는가의 유무이다(그림 14-5). 에너지적인 공역은 자발적으로 진행하는 ATP 가수분해반응의 분자기구가 자발적으로 진행하지 않는 단백질의 구조변화를 위해 반응에 직접적으로 관여하고 있다는 것을 의미한다. 바꾸어 말하면 죽은 단백질은 단순한 결정 또는 시약병에 들어 있는 화

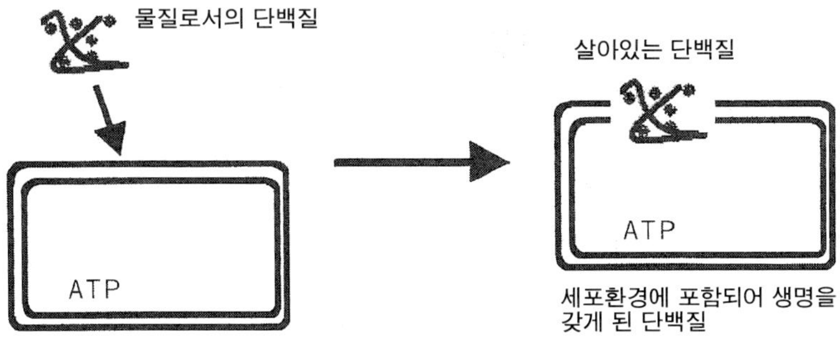

그림 14-5 죽어있는 단백질과 살아있는 단백질의 차이점은 세포 환경에 맞춰진 물리적·에너지적인 상호작용의 유무이다.

학물질이고, 살아있는 단백질은 생체 중의 적절한 장소에서 주위와 상호작용하고 물리적 또는 에너지적인 교환을 하고 있다는 것을 의미한다. 이 상호작용 또는 에너지 공역은 단백질이 생명의 성상을 나타내는 중요한 요건이다.

14. 4 생물학의 법칙

생물 및 물리학에 있어 법칙은 경험과 이론, 역사에 뒷받침되어 왔지만 법칙에 적용 한계는 있어도 예외가 있어서는 안 된다. 생물학에 있어서도 DNA 및 단백질과 같은 물질수준에서 법칙이라고 부르는 것이 있다. 다음 세가지 법칙은 DNA 이중나선구조가 제안된 1950년대 이후에 급속하게 발전한 분자생물학의 성과이고, Sohei Kondo 박사의 저서 「생명을 생각한다」 중에서 기술된 것이다.

제 1법칙 : 자기 복제하는 유전정보는 DNA에 포함된다.

제 2법칙 : DNA의 코돈은 단백질의 아미노산으로 번역되지만 역반응은 일어나지 않는다.

제 3법칙 : 유전정보의 발현(복제, 전사, 번역)은 제어·조절된다.

이상은 생물을 구성하는 고분자인 DNA와 단백질에 대한 특성이다. 이들 각각의 내용은 생명현상의 일면이라고 할 수 있지만 생물이 살아있다는 사실을 직관시키는 내용은 포함되어 있지 않다. 슈레딩거와 프리고진의 제안에 따르면 생물의 제 4법칙으로써 열역학 제 2법칙에 준하는 표현을 생각할 수 있다. 이들의 공통적인 키워드인 "비평형"이란 단어를 사용하면 "**생명현상은 일에 의해 생체 내에서 비평형상태를 만들어내는 과정**"이라고 할 수 있다. 단백질은 움직이는 분자엔진으로 비유되지만 생체막에 있어 이온의 **능동수송**을 담당하는 단백질과 근 수축을 담당하는 단백질은 실제로 활동을 하고 있다. 이들의 활동에 의해 살아있는 상태(비평형상태)가 유지되고 있다고 해도 과언이 아니다. 이것은 proton(H^+)의 농도구배에 의해 생긴 proton 수송이 ATP 합성효소와 공역하여 ATP를 합성한다고 주장한 피터 미첼(Peter Mitchell, 1920-1992)의 화학침투압설(또는 화학공역설)의 일반적인 표현이기도 하다. 즉 생물의 특징을 단백질의 기능과 관련짓는 제 4법칙은 다음과 같이 표현할 수 있다.

제 4법칙 : 활동하는 단백질은 다른 자발적 과정과 공역하여 목표를 달성하고 비평형 상태를 만들어 내고 있다.

생물의 제 4법칙은 열역학적으로는 복수의 생체내 과정 중에서 자유에너지 변환의 관계를 표현하고 있다. 즉 자유에너지가 감소하는 자발적 과정은 다른 과정과 공역하여 자유에너지를 증가시킨다. 이 관계에 구체성을 가지기 위해서는 자세한 반응기구가 요구된다. 단백질의 동적 움직임은 공역기구를 지배하는 가장 중요한 지식이다. 이렇게 생물을 생물답게 하고 생명이라는 현상을 낳고 있는 직접적인 물질의 정체는 단백질이라고 할 수 있다. DNA는 유전정보의 보존을 담당하는 물질이고 세포 중 핵 내에서 안전하게 보호되고 있다. 한편 단백질은 발현 생성 후 어떤 시간 동안 일을 하고 분해되는 생물의 일생과 같은 과정을 거친다. 사람으로 예를 들면 각각의 단백질의 일생은 각각의 사람의 일생과도 닮아 있다. 비약일지도 모르지만 단백질의 세대교체가 잘 진행되어 가는 동안은 한 인간의 수명도 유지된다고 생각되는 것처럼 각각 인간의 세대교체가 잘 진행되고 있는 동안은 그 사회도 잘 유지될 가능성이 있다고 말할 수 있다.

찾아보기

영문

국문

가

어떤 생물의 일생에 관하는 유전자의 총체를 그 생물의 게놈이라고 함. 어떤 생물의 기능에 필요한 염색체의 총체라고도 함.

비공유 전자대 또는 비결합 전자대라고 함. 동일한 원자괴도 내에서 원자 간의 화학결합에 직접 관여하지 않은 원자대를 말함. 산소에서는 두개의 고립원자대가 있고, 질소원자에서는 한 개의 고립원자대가 있음.

진핵세포 안에 있는 세포 소기관. 편평한 주머니 모양의 통이 겹쳐진 구조를 하고 있고 단백질을 수식하거나 당지질을 합성하는 기능을 가짐.

에너지 공역이라고도 함. 자유에너지의 증감을 동반하는 복수의 과정이 있을 때, 각 과정이 독립적으로 진행하지 않고, 자유에너지가 감소하는 과정에서 방출되는 에너지를 이용하여 별도의 과정이 진행할 때, 그들 과정은 에너지가 공역해 있다고 함. 생체내에서는 ATP가수분해 반응에서 방출된 자유에너지를 이용하고 근수축 및 능동수송 등의 에너지 이용 과정이 진행함.

직선 편광이 물질을 통과하고 편광면이 회전할 때 그 물질은 광학활성을 갖는다고 말함. 편광면이 회전하는 것을 선광성이라고 함.

정확하게는 구아노신 5'-삼인산이라 하고 GTP로 약기함. 구아닌과 리보스 및 3개의 인

사

자유에너지의 감소를 동반하는 산화반응(전자를 방출하는 반응)과 공역하고 무기인산 Pi와 아데노신 2인산(ADP)에서 아데노신 3인산(ATP)와 물이 합성되는 생체내 반응. Pi와 ADP에서 ATP와 H_2O가 생성하는 반응은 자유에너지의 역반응이므로 자발적으로 진행하지는 않음.

분자량이라고도 하고 탄소동위체 12C의 질량(120000u)의 1/12에 대한 상대 값을 대표하는 무차원량. 분자를 구성하는 각 원자의 상대원자 질량(원자량)에서 계산되는 분자의 질량. 원자량은 원자를 구성하는 각 동위체의 질량과 천연동위체 존재도를 포함하여 계산한 평균값이므로 상대분자질량도 평균값이 됨.

DNA를 구성하는 염기인 아데닌과 티민의 함량 및 구아닌과 시토신의 함량이 같은 것.

번역 후 수식을 받고 생체 내에서 기능을 하고 있는 단백질.

생물의 구조와 기능을 가진 최소단위로 세포막에 의해 둘러싸여 있음. 세포는 핵을 가지고 생명현상의 기본적인 과정이 그 안에서 진행함. 원핵생물과 진핵생물의 차이에 따라 세포도 원핵세포와 진핵세포로 구성됨.

타

파

저자 및 역자 소개

Takayama Mitsuo (高山光男)

- Toho University(東邦大學) 약학박사
- Toho University(東邦大學) 약학부 조교수
- Yokohama City University(横浜市立大學)대학원 종합이학연구과 조교수
- Yokohama City University(横浜市立大學)대학원 국제종합과학연구과 교수

전승종

- Osaka University(大阪大學) 공학박사
- 산업기술총합연구소(National Institute of Advanced Industrial Science and Technology: AIST) 객원연구원
- 동의대학교 생명공학과 조교수